学会控制自己的情绪

刘枫 著

中国商业出版社

图书在版编目（CIP）数据

学会控制自己的情绪 / 刘枫著. — 北京：中国商业出版社，2019.6

ISBN 978-7-5208-0942-9

Ⅰ.①学… Ⅱ.①刘… Ⅲ.①情绪—自我控制—通俗读物 Ⅳ.① B842.6-49

中国版本图书馆 CIP 数据核字 (2019) 第 227263 号

责任编辑：王彦

中国商业出版社出版发行
010-63180647 www.c-cbook.com
（100053 北京广安门内报国寺 1 号）
新华书店经销
天津兴湘印务有限公司印刷

* * * * *

710 毫米 ×1000 毫米　16 开　12 印张　130 千字
2020 年 6 月第 1 版　2020 年 6 月第 1 次印刷

定价：42.00 元

* * * * *

（如有印装质量问题可更换）

目 录

第一章　情绪与情感概述　　　　　　　　（1）

内容描述　　　　　　　　　　　　　　　（3）

　　什么是情绪　　　　　　　　　　　　　（3）

重点透视　　　　　　　　　　　　　　　（27）

　　情绪与情感　　　　　　　　　　　　　（27）

自我测试　　　　　　　　　　　　　　　（30）

　　中学生的情绪卫生　　　　　　　　　　（30）

相关链接　　　　　　　　　　　　　　　（45）

　　润物细无声　　　　　　　　　　　　　（45）

第二章　情绪的作用　　　　　　　　　（49）

内容描述　　　　　　　　　　　　　　（51）
　　情绪的功能　　　　　　　　　　　　（52）

重点透视　　　　　　　　　　　　　　（63）
　　不良情绪的危害　　　　　　　　　　（63）

相关链接　　　　　　　　　　　　　　（68）
　　一位落榜生的心路　　　　　　　　　（68）

目 录

第三章　情绪困扰的调适　　　　　　　　（71）

内容描述　　　　　　　　　　　　　　（73）
　　情绪困扰的内容　　　　　　　　　　（73）

重点透视　　　　　　　　　　　　　　（81）
　　培养积极的情绪　　　　　　　　　　（81）

自我测试　　　　　　　　　　　　　　（90）
　　拒绝抑郁　　　　　　　　　　　　　（90）

相关链接　　　　　　　　　　　　　　（100）
　　热爱生命,感谢生活　　　　　　　　（100）

第四章　培养高尚的情操　　　　　（103）

内容描述　　　　　　　　　　　　（105）
　　树立正确的世界观与人生观　　　（105）

重点透视　　　　　　　　　　　　（108）
　　培养优良的道德品质　　　　　　（108）

自我测试　　　　　　　　　　　　（112）
　　发展积极健康的美感　　　　　　（112）

相关链接　　　　　　　　　　　　（116）
　　张煌言的爱国情操　　　　　　　（116）

目 录

第五章　做个情商高手　　　　　　　　（121）

内容描述　　　　　　　　　　　　　　（123）

　　情商的发展史　　　　　　　　　　　（123）

　　有趣的体态语言　　　　　　　　　　（126）

　　情商被引进中国　　　　　　　　　　（127）

　　情商的现实与神话　　　　　　　　　（128）

重点透视　　　　　　　　　　　　　　（130）

　　情商让你走向成功　　　　　　　　　（130）

自我测试　　　　　　　　　　　　　　（138）

　　你的情商有多高　　　　　　　　　　（138）

相关链接　　　　　　　　　　　　　　（151）

　　情商故事一　　　　　　　　　　　　（151）

　　情商故事二　　　　　　　　　　　　（151）

第六章　情绪疗法　　　　　　　　　　（155）

内容描述　　　　　　　　　　　　　　（157）

合理情绪疗法　　　　　　　　　　　（157）

合理情绪疗法对人性的看法　　　　　（160）

都是哪些不合理信念惹的祸　　　　　（162）

合理情绪疗法的操作模式：ABCDEF　（171）

ABCDEF 模式在心理自助中的运用　　（173）

重点透视　　　　　　　　　　　　　　（174）

理性情绪疗法　　　　　　　　　　　（174）

自我测试　　　　　　　　　　　　　　（178）

以情胜情的心理疗法　　　　　　　　（178）

相关链接　　　　　　　　　　　　　　（180）

八风吹不动　　　　　　　　　　　　（180）

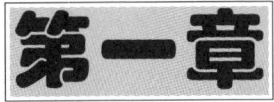

情绪与情感概述
QING XU YU QING GAN GAI SHU

第一章 情绪与情感概述

人们在社会生活与生产实践中,对他人、各种事物并不是冷淡无情或者无动于衷的,而是具有一定的态度的。有时感到满意和幸福,有时感到不满和忧伤;有时感到高兴和喜悦,有时感到气愤和憎恶;有时感到爱慕和钦佩,有时感到恐惧和愤怒。这里所谈到的喜怒哀乐与爱憎忧愤就是情绪与情感所表现出的不同形式。

什么是情绪

千百年来,心理学家们对这个问题进行了反复研究、深入探索,对情绪的本质问题提出了许多有建设性的学说。然而,由于情绪所具有的复杂性和多变性,再加上每个人在研究角度上的不同,至今也没有得出一个一致的结论。目前,比较能被人们所接受的定义是:

情绪是人们对客观事物的态度体验以及相应的行为反应。

由于每个人对社会生活、对万事万物的态度千差万别,人们的情绪自然也就大为不同,即使是对待同一件事物,每

个人在生活的不同时期也会表现出不同的情绪。当然,无论情绪是如何的千变万化,情绪所涵盖的内容却具有确定性。一般来说,情绪包括以下内容:引起情绪的情境、主观体验、神经生理过程以及情绪的外部表现。

一、情绪所包括的内容

1.引起情绪的情境(触景生情)

人的情绪是由客观事物引起的,情绪的源泉是客观存在的情境。情境指的是直接作用于人的感觉器官,并且具有一定生物学意义与社会意义的具体环境。情绪常常伴随着感觉而发生,是由一定的情境刺激作用于我们的感觉器官所引起的,通常所说的"触景生情""对景生情"就是这个意思。例如:看见林叶飞舞、落红遍地,有人感到凄凉和孤单;看见红花遍野、漫山苍翠,有人感到喜悦和振奋,这就是触景生情。除了自然景象之外,社会生活中的各种事件,人体内部环境中的各种生理状况的变化,也可以作为一定的情境引起人们的情绪反应。

当然,这里需要强调的是,客观的情境只是引起人们情绪变化的一个必要条件,真正起决定作用的是人们对刺激情境的解释。正是由于人们对同一情境的不同理解,才使人们之间的情绪反应表现出较大的差异性。

2.主观体验

情绪体验与认知过程都是人脑对客观现实的一种反映,但是,二者的区别也比较明显。感觉、知觉以及思维过程是人脑对客观事物本身的反映,而情绪则是对主体与客体之间关系的反映,因此,情绪就表现为一种主观上的体验。没有这种主观体验,我们就无法知道自己是否已经产生了情绪。说得通俗一点,如果失去了主观体验,我们也就不知道什么是欢乐,什么是忧愁,也就无法体会到人世间的幸福与关怀,爱与恨也就没有界限了。

所谓主观体验,也就是一个人对情绪状态的自我感受。主观体验在情绪反应的构成成分之中,起到了润滑剂一样的作用。

3.神经生理过程

人的情绪虽然千变万化,但并不是虚无缥缈、不可思议的事情。人的情绪与大脑的活动是密不可分的,如同其他的心理过程一样,人的情绪也是大脑的机能,是客观事物作用于人脑的结果,是神经系统活动的结果。大脑皮层在情绪反应的过程中占主导地位,大脑皮层对皮下神经过程有着调节作用。研究表明:下丘脑、网状结构和边缘系统与人的情绪也有着非常紧密的关系。人的下丘脑与人的快乐状态联系紧密,因此,下丘脑也被称为快乐中枢。网状结构对维持大脑皮层的兴奋水平、使人处于清醒状态有着重要作用。1951年,美国心理学家林斯累指出:网状结构的功能在于唤醒,它是情绪产生的必要条件。

边缘系统是指大脑半球到间脑并且延伸到中脑的一个较大的神经结构。

边缘系统的主要功能是对植物性神经系统的活动进行调节,对情绪的反应也起到一定的激活作用。

4.情绪的外部表现

情绪的发生往往影响到身体内部与外部的某些变化,这些变化主要可以分为三种情况:

第一,内脏器官的生理变化。这些变化主要包括呼吸系统、血液循环系统、脑电波与皮肤电波的变化以及人体内外腺体的变化。例如:人在羞愧时面红耳赤,愤怒之时呼吸速度加快,高度紧张之时汗流浃背,这些都是情绪引起生理变化的例证。

第二,面部表情与姿势的变化。外部表现有时比语言更能够表明情绪的变化。在很多情况下,手舞足蹈表示欢乐,垂头丧气表示忧伤,横眉竖眼表示愤怒,咬牙切齿表示憎恨。一举手、一投足常常能说明情绪的变化。面部表情在这方面的表现更加突出,许多情绪,如喜、怒、哀、乐与嘴部肌肉的联系较为紧密。一个人在笑的时候,口角通常向后并且略微向上牵伸,嘴也顺着张开;一个人在悲伤之时,口角通常向下拉。

当然,有些人特别是黏液质的人能够控制住自己的外部表情。例如,有的人明明十分焦急,但是外表却表现得很平静。因此,如果仅仅依靠观察他人的外部表情,则很难判断他的情绪。

第三,声调与音色的变化。常言道:锣鼓听音,说话听声。说明不同的情绪,所表现出来的音调也有所不同。欢喜时语调上扬、引吭高歌,悲伤时音调下降、如怨如诉。

二、情绪的特点

青少年时期是人生之中非常关键的一个阶段,了解情绪的特点并且善于控制自己的情绪,对一个人的发展与成才来说,都是十分必要的。

青少年的情绪具有下列特点:

1. 情绪的丰富性

青少年时期,随着学校学习、社会生活以及劳动实践范围的不断扩大,青少年的情绪逐步展现出了多样化的色彩,自尊的感受与需要和自卑感的交替出现使青少年的社会性情绪也日益丰富起来。

从宏观层面上看,当前我国正处于大力建设社会主义市场经济的时期,中华民族越来越显示出强劲的生命力。青少年对祖国的四化建设以及民族的未来前途都有一定的情绪体验,由衷地为我国的改革开放和四化建设取得的成就感到高兴。

从微观层面上看,青少年对自己、对他人的情绪体验,包括对个人前途与祖国未来关系的情绪体验、对人与人之间关系的情绪体验、对学习重要性与必要性的情绪体验、对升学与就业的情绪体验、对人类美好合作关系的情绪体验、对外表美与心灵美的情绪体验等也越来越丰富。

情绪的丰富性既能够极大地扩展青少年情绪体验的实际内容,也能够使他们更好地、更健全地发展自己的个性。情绪的丰富性对青少年的情感升华将起到极大的促进作用。

2. 情绪的两极性

情绪的两极性指的是情绪在动力性、激动性、强度和紧张度上存在着对立的状态。

从动力性上看,情绪有肯定与否定的区别。通常来说,当人们的需要得到满足之时,人们就会产生肯定的情绪。例如:高兴、爱慕、喜欢、满意与幸福。人们的需要不能得到满足之时,人们就会产生否定的情绪。例如:烦恼、忧愁、憎恨、不满意与痛苦。肯定的情绪是积极的,能够增加人们的

第一章 情绪与情感概述

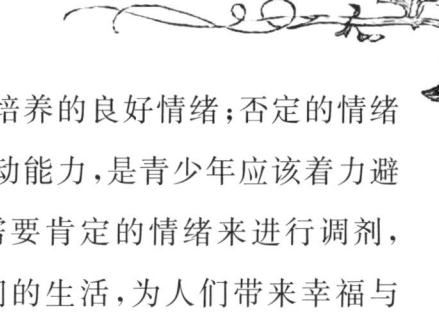

活动能力,是青少年应该大力培养的良好情绪;否定的情绪是消极的,能够降低人们的活动能力,是青少年应该着力避免的不良情绪。愉快的生活需要肯定的情绪来进行调剂,良好的情绪会极大地丰富我们的生活,为人们带来幸福与和美。

从激动性上看,情绪上存在着激动与平静的两极。激动是一种强烈的、冲动的、为时短暂的情绪状态。例如:狂喜、暴怒、极度恐惧。激动往往会让一个人处于一种不良的状态之中,使人们很难看清楚眼前的现实。所谓乐极生悲也说明这方面的问题。与激动相对立的是平静的情绪,这是一种十分平稳安静的情绪状态,在日常生活中,人们通常处于这种状态之中。平静的情绪是人们学习、生活与开展工作的基本条件。如果把激动比喻为狂风暴雨,平静则是和风细雨;如果说激动是汹涌的波涛,平静则是微微起伏的波浪。激动不仅常常破坏人们良好的心情,而且还会引起生理上的疾病。

从强度上看,每一种情绪的强弱程度是不一样的。从高兴的角度看,既有愉快,又有狂喜;从发怒的角度看,既有微怒,又有狂怒;从不安的角度出发,既有微微的不平静,又有激动性的不安宁。在强弱的两极之间,情绪还会呈现出不同的程度。例如,从微怒到狂怒的发展过程是:微怒到愤怒,愤怒到大怒,大怒到暴怒,暴怒到狂怒。从好感到酷爱的发展过程是:由好感到喜欢,喜欢到倾慕,倾慕到热爱,热爱到酷爱。情绪的强弱取决于某个事件对人们的意义与作用,意义越大,引起的情绪就越强烈;意义越小,引起的情绪就会越微弱。

从紧张度上看,情绪有紧张与轻松的区别。紧张与轻松通常出现在人们活动的关键时刻,这是一对相辅相成的概念。例如,当抗洪战士抢救落水儿童之时,都会处在高度的紧张状态之中,一旦儿童被救起,他们便会感到非常高兴,随之而来的便是一种轻松的情绪体验。适度的紧张有助于人们去完成任务、克服困难,但是,过度的紧张则会使人们不知所措,甚至会使人们的精神瓦解,连最基本的行动也会随之终止。

3. 情绪的不稳定性

由于生理与心理条件的逐步成熟,外界客观条件的制约与影响,青少年的情绪往往表现出极大的不稳定性,而且容易从一个极端走向另一个极端,就好像雷雨天气中的晴雨表,说变就变,起伏性较大,有一种摇摆不定的感觉。

大多数青少年在苦闷之时,心情都很沮丧,但受到鼓舞之后,又会立即为之一振;在经受挫折之时,感到委屈难受,如果获得成功,马上又转悲为喜。青少年情绪上的不稳定性与他们生理上的成熟有着千丝万缕的联系,尤其是性的逐渐成熟使他们感受到了一些莫名其妙的东西,同时也会在情绪上反映出来。

当然,青少年争强好胜的心理与自身知识经验的不足也会引起他们情绪上的波动,因为这种矛盾常常让他们困惑,很难琢磨清楚。有时候,一次考试成绩不理想,一次朋友间言辞上的冲突,一次与家长之间的误会,都会引起青少年情绪上的不稳定。

4. 情绪的情境性

青少年的情绪有一个十分明显的特点:随着情境的改变,情绪也会随之发生改变。这其实是不稳定性的一种表现形式。情境性的出现再一次说明青少年心理上的不成熟。反过来看,心理上的不成熟又使青少年的情绪在情境性的表现上更加突出。可以说,二者具有某种内在的联系。

情境性也在一定程度上加重了不稳定性的表现。在很多时候,一件小事、一个不怎么重要的小挫折都会使青少年的情绪发生极大变化。这就使青少年的情绪表现出更大的不稳定性。

5. 情绪的强烈性

青少年的情绪经常是疾风暴雨伴随着电闪雷鸣。大部分青少年遇到高兴的事儿,通常会有如下表现:

①眉飞色舞,手舞足蹈;②笑逐颜开,欢天喜地。

假如遇到不顺心的事儿或者遭遇挫折,他们又会表现出另外一种情景:

①垂头丧气,无精打采;②不理不睬,默不作声。

有的心理学家将青少年时期称为"疾风怒涛"的时期,确实反映了青少年时期的情绪特征。

三、情绪的种类

青少年的情绪多种多样、千姿百态,就像天空中到底有多少星星一样,青少年到底有多少种情绪是很难说清楚的。因而,情绪的分类历来就是一个十分困难而且非常复杂的问题。许多年以来,心理学家们试图确立人类的基本情绪,但由于情绪本身的复杂性以及人们研究方法的不同,其结论也就难以统一。

著名心理学家普拉奇克根据自己对情绪的强度、相似性与两极性地深入研究,确定了人类的 8 种基本情绪:悲痛、恐惧、惊奇、接受、狂喜、狂怒、警惕与憎恨。他认为,这 8 种情绪最为强烈,每一种情绪又具有与它性质相似、强度不同的一些情绪。普拉奇克并因此而制成了一个情绪的三维模型。

美国心理学家伊扎德采用逻辑分析与因素分析的方法,制成了一个"情绪分类表",其中提出了9种基本情绪:喜悦、兴奋、震惊、痛心、憎恶、羞耻、愤怒、恐惧与傲慢。在伊扎德看来,喜悦与兴奋、恐惧分别是两种在性质上有一定差异的情绪。

我国著名心理学家林传鼎按照中国人的传统研究方法,将人类的情绪分为18种:高兴、安静、愤怒、哀怜、悲伤、忧郁、烦闷、惊骇、恐惧、怜爱、憎恶、贪求、嫉妒、傲慢、惭愧、恭敬、羞耻、忿急。

1. 情绪的基本类别

一般来说,比较普遍的看法是,人类具有四种基本情绪:快乐、愤怒、恐惧与悲哀。

（1）快乐

从理论上讲,快乐是一个人在追求希望并且实现自己的期望之时所产生的情绪体验。一个人在追求自己的理想、追求自己的事业的过程中,挫折与失望是在所难免的,关键在于自己是如何看待挫折的。快乐有时候来自愿望的实现,但更多的时候,则来自人们追求希望的过程之中。

在心理学家看来,快乐的程度取决于人们实现愿望、达到目的的意外性,也就是在追求愿望过程中的那种料想不到的程度。例如,中国足球队假若与巴西足球队进行一场比赛,从实力上讲,巴西国家队的实力要比中国国家队强,因而如果巴西队一直压着中国队,并且以一球获胜,巴西队队员固然会感到高兴;但如果中国国家足球队的队员越战越勇,最终战胜了巴西队,那么,中国队队员将会表现出更大的快乐。对球迷而言,这更是一个意想不到的胜利,自然会欣喜若狂,表现出更为强烈的快乐与欣慰。从某种意义上讲,料想不到的结局应该是快乐的本质。在生活中,一个百万富翁赚了10万元钱,他会无动于衷;如果一个穷光蛋赚了10万元,他会快乐得恨不能直飞云天。为什么会有这种反差呢?这就是一个快乐的本质问题。百万富翁赚了10万元只是意料之中的事情,很难从心理上激起快乐的欲望;穷光蛋赚了10万元实在有点出乎意料,因此一下子从内心中激起了强烈的快乐感。

快乐在强度上是有差异的,从满意到狂喜要经历一个从弱到强的过程:满意→愉快→欢乐→大喜→狂喜。

任何涉及人生目标的学说,尤其是那些涉及人生终极目标的学说都无法回避对快乐的探讨。大多数的宗教都将快乐看成是人们精神追求的一种境界,甚至将快乐看成是人们在死亡之后才能够达到的境界。人活在世上的时候只

第一章 情绪与情感概述

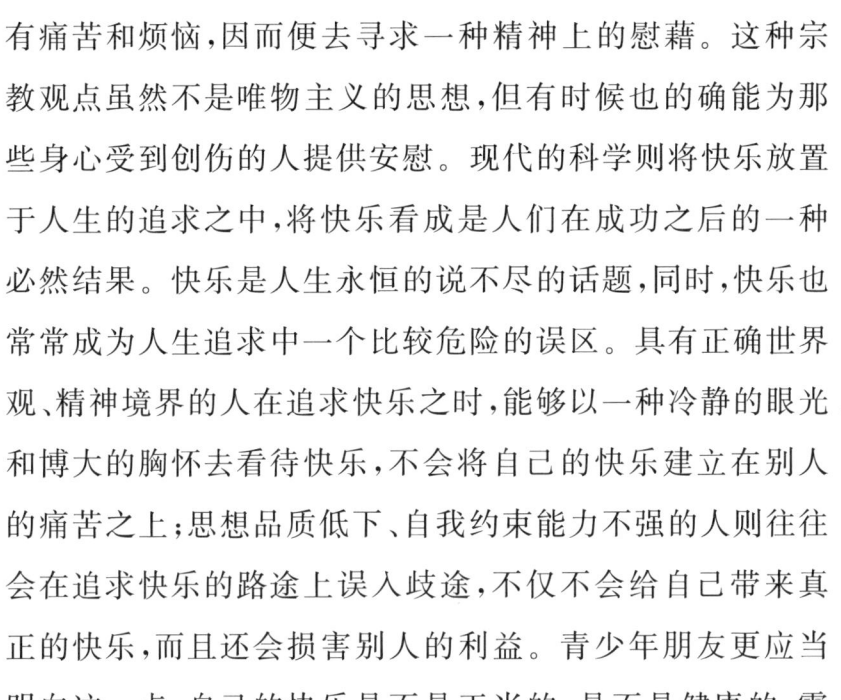

有痛苦和烦恼,因而便去寻求一种精神上的慰藉。这种宗教观点虽然不是唯物主义的思想,但有时候也的确能为那些身心受到创伤的人提供安慰。现代的科学则将快乐放置于人生的追求之中,将快乐看成是人们在成功之后的一种必然结果。快乐是人生永恒的说不尽的话题,同时,快乐也常常成为人生追求中一个比较危险的误区。具有正确世界观、精神境界的人在追求快乐之时,能够以一种冷静的眼光和博大的胸怀去看待快乐,不会将自己的快乐建立在别人的痛苦之上;思想品质低下、自我约束能力不强的人则往往会在追求快乐的路途上误入歧途,不仅不会给自己带来真正的快乐,而且还会损害别人的利益。青少年朋友更应当明白这一点,自己的快乐是不是正当的、是不是健康的,需要每一个人在自己的生活中细细体味,不能为了满足自己的快乐就去损害他人的利益,更不能够去追求那种低级趣味的快乐。

(2)愤怒

愤怒是一种体内能量的聚集与宣泄。

从理论上讲,愤怒是由于他人或者他事的妨碍,自己的目的不能够实现,从而使内心的紧张与压抑长期聚集起来而产生的一种情绪体验。愤怒的主要起因是由于外界事物干扰妨碍了自己追求目标,不是由于自身感到不安全、不稳定,而是明显地受到了羞辱和挑衅。

根据强度的不同,愤怒可以分为不同的等级,从微愠到狂怒的产生一般要经历一个从弱到强的过程:微愠到愤怒,再到大怒,以至暴怒乃至狂怒。愤怒的发生程度与对妨碍物的意识程度呈现正比关系。假如一个人根本就不知道是什么人或者什么事在干扰自己、妨碍自己,在阻止自己去实现自身所追求的目标,那么,愤怒一般不会明显地表现出来,怒气往往会郁积在心中,有时也会出现迁怒现象。由于不知道什么力量在作怪,因而会产生移情现象。移情性也是情绪的一个重要特征,移情的重要功能就是使人们在此处抑制的情绪,在另外一个地方表现出来。迁怒就是移情的一种重要形式。当然,迁怒虽然有助于一个人的身心健康,但存在着极大的不合理性,至少不符合人际交往中的公平性原则。

假如一个人十分清楚地意识到是什么人、什么事在妨碍自己去达到预定目的,去实现自己的既定目标,而且知道这种妨碍物并不合理甚至还带有一定的恶意,那么,愤怒也就骤然而至了,并且往往还会对妨碍物表现出攻击性的行为。

易于愤怒是青少年的一个重要特征,血气方刚的年轻人一遇到什么不顺心的事往往表现得过于激烈。在现代文明社会之中,经常地表现出愤怒之情会被认为是缺乏教养、不够明智,而且也不利于搞好人际关系,不利于营造一个和谐、优雅的交往环境。说得再严重一点,愤怒对一个人的身心健康会带来极大的伤害。

当然,这并不意味着我们就去做一个老好人,做一个好好先生。为了维护他人的正当利益拍案而起,这样的愤怒是一种正义感,我们的社会非常需要这种维护正义的举动;自己受到不合理的羞辱而愤怒,那是在捍卫做人的尊严。此种情况之下,愤怒不仅是对个人权利、尊严的坚决维护,更是一种能力的反映,否则,会给人一种十分无能的印象。

(3)恐惧

从理论上讲,恐惧是企图摆脱或者逃避某种危险情境之时所产生的情绪体验。恐惧通常会让一个人惊慌失措。

引起恐惧的真正原因是缺乏处理危险情境的能力。例如,一条凶狗的叫声和伸长的舌头都会让一个小孩感到恐惧,因为小孩缺乏对付凶狗的能力。假如凶狗向他迎面扑来,那就更会让他惊恐万分了。引起恐惧的另一个重要原因是缺乏对付危险情境的手段。例如:当地震突然来临之时,即使一个人非常有能力,也不一定会找到适当的方法去对付这种天灾。房屋的倒塌会将所有人置于非常危险的情

境,逃生的欲望往往会伴随着巨大的恐惧将人们淹没在无边的黑暗之中。这种恐惧之心就是由于我们不知道用什么办法击退威胁而造成的。

当然,尽管恐惧如此捉摸不定,却并不是不可战胜的。当人们对危险的情境有所适应之后,或者学会了如何应付危险情境的方法之后,恐惧就不会光临了。

由于每个人的社会经验、个性和实践经历的不同,人们在对付危险情境时的方法也就有所不同,危险情境所引起的反应自然也就不同。同样是面临死亡的威胁,有的人能够大义凛然、视死如归;有的人却手脚颤抖、不知所措。

"砍头不要紧,只要主义真"。这种视死如归的大无畏革命精神曾经激励着无数的革命先烈在探索真理的道路上赴汤蹈火、战斗不止。但是,对一个叛徒而言,死亡则成为他们生命之中最恐惧的情境,叛徒们往往会为了生存而卖国求荣、低三下四、甘当走狗。

(4)悲哀

人们在丢失某种东西之时,随之而来的就是一种失落;在失去自己心爱的人、物之后,悲哀也会袭上心头;自己的理想或者愿望在破灭之时,也会产生悲哀的情绪体验。

悲哀的程度取决于自己所丧失的对象的重要性与价值。例如:丧失亲人的痛苦会给人带来极大的悲哀,这种悲哀可以用哭天喊地、撕心裂肺来形容。丢失钱财、遗失一件珍贵的物品也会给人们带来悲哀,这种悲哀所掀起的心头波澜则要微弱一些。

悲哀在强度上也有一定的差异,从失望到哀痛一般要经历这样一个过程:失望→遗憾→难过→悲伤→哀痛。期中考试成绩不理想会让你感到失望,你会觉得自己本来不应该是这么差的水平;假如在高考中名落孙山,你一定会非常遗憾,甚至难过、悲伤;如果你的爷爷或奶奶由于得了重病而不幸去世,你一定会感到哀痛。

2. 情绪的基本状态

根据人们对某种事件或者某种情境的反应,最典型的情绪状态有四种:心境、应激、激情与挫折。

第一,平静的心境状态。心境是一种比较平静而且十分持久的情绪状态。心境具有极强的渗透性与稳定性,对某一特定事物的体验不是心境,心境是以同样的态度来对待和体验一切事物。

心境对一个人的日常生活、学习状态和健康状况都有着很大的影响作用,因为心境会在很长的一段时间里对一个人的情绪状态发生作用。健康积极、乐观向上的心境能够增强我们的信心,提高我们的学习效率,改善我们的生活质量,从而提高我们的身心健康水平。

学会控制自己的情绪

乐观的心境能够使我们在很长的一段时期里以一种健康和谐的眼神去审视我们自己的生活。

然而,消极悲观的心境不仅不能够提高我们的学习效率和生活质量,而且还会在一定程度上使人们丧失信心与希望,使人们经常处于一种紧张焦虑的状态之中。更为可怕的是,长此以往,会使一个人丧失体验幸福与快乐的能力。

心境在持续的时间上有很大的差别。根据每个人个性特点的不同以及引起心境的客观环境条件的不同,有的心境可能只持续几个小时便烟消云散,有的心境则可能要持续几个星期、几个月甚至几年的时间。例如:一个性格内向、气质抑郁的人会因为自己丢失了一只小猫而一连悲伤几个月,而一个性格外向、多血质气质的人也许为此仅仅悲伤几个星期甚至几天。

在一般情况下,重大的事件所引起的心境通常具有较长的持续时间。不管一个人的性格是如何外向,失去亲人的痛苦会让他产生较长的郁闷心境;不管一个人的性格是如何内向,金榜题名的喜悦会让他产生较长的愉快心境。

第二,突然性的应激状态。应激的情绪体验通常产生于某种意外的环境刺激之中,这种刺激一般是出乎人们的意料的,是突然出现的一种紧急状态。人们针对这种紧急状态所采取的适应性反应就是应激。

应激在某种意义上,还能够使一个人表现出前所未有的勇气和毅力;应激也能够使一个人的灵感不期而至,发挥出更大的创造性。

例如,在跳伞的过程中,降落伞突然发生故障,此时的跳伞员就处于一种应激状态,身心虽然处于高度紧张的状态之中,但头脑与心智却非常清晰,往往能集中精力与智慧,动员自己的全部力量化险为夷。

当人处于应激的状态时,机体通常会产生一系列的生物性反应。例如,人们肌肉的紧张度会提高,血压会升高,心跳的速度会加快,呼吸会变得急促,人身上的腺体活动也会随之发生明显的变化。这些变化对一个处于应激状态的人来说,是十分必要的。目前,关于应激状态的研究日益受到重视。一个叫作汉斯·塞内的加拿大学者将人们在应激状态之中所产生的生物性反应称为适应综合征,并且将这种适应综合征分为三个阶段:

(1)动员阶段

当外界的意外刺激突然出现之时,人们会通过自身的生理变化来唤起人体的各种机能,以此来调节身体的各个生命系统,从而使人进入一种适应性的防御机制之中。

（2）阻抗阶段

阻抗阶段的到来,意味着个体身上要产生一系列的具体变化与反应。例如,血压升高、心跳加快、呼吸急促、血糖增加。此时此刻,人体的各种潜能逐步被激发出来。

（3）衰竭阶段

外界的紧张刺激在衰竭阶段里并没有减弱,但是,由于阻抗阶段的高度内耗,人体的适应能力与变化能力大大降低,甚至被自身的防御力量所击伤,从而导致一些适应性疾病出现。衰竭阶段是应激状态的一种正常结果。

第三,强烈性的激情状态。激情往往是一种暴发性的、强烈的情绪状态,持续的时间一般比较短促。激情通常由对个人非常有意义的事件所引起,对个人不太重要或者普通的事件通常不会引起激情。例如,期中考试夺得头名固然令人欣喜,但一般不会引起激情状态,而高考一举命中则会引起激情。没有获得奖学金、丢失了一点钱、上学途中突然下起了大雨,一般都不会让人进入激情状态,但是,一旦名落孙山、亲人突然离去、黑夜中遇到一只狼则会进入激情状态。

激情的出现,通常会伴随一定的生理变化和一些明显的外部动作。例如,人在狂喜之时,通常眉飞色舞、手舞足蹈,甚至还会指手画脚、狂蹦乱跳；人在暴怒之时,通常会咬牙切齿、双拳紧握、双臂猛舞,有人甚至会双目怒视、怒发冲冠。当人们处于极度恐惧、极度悲痛的激情状态之时,还可能会出现言语紊乱、精神衰竭的现象。为什么会产生乐极生悲的现象呢?这与激情状态所引起的生理变化有着十分密切的关系。

拥有激情虽然不一定是坏事,但是,不善于控制和调节自己的激情状态则一定是坏事。在激情状态下,人们的分析能力与综合能力都会受到抑制,认识活动的范围也会缩小,自我控制的能力也会随之减弱。在这种情况之下,人往往会丧失理智,情绪的成分变得十分浓厚,甚至还会做出一些鲁莽、不负责任的举动。善于控制自己的激情越来越成为青少年朋友必须加以重视的问题。有道是"三思而后行",万万不可因为一时感情冲动而不顾及后果,这不仅会给自己带来伤害,更会给别人带来损害。要想控制自己的激情,就一定要做自己情绪的主人,培养自己坚强的意志,也要注意加强自身修养。

在日常生活中,有很多人以一时的感情冲动为借口,将自己的不良行为定性为情绪上的失控,这是十分不正确的。无数的研究与事实证明,人完全能够意识到自己的激情状态,也能够有意识地去调节和控制自己的激情状态。任何人在激情状态下的失控行为,都应当而且必须由自己承担责任,这在法律上也是被这样认定的。

第四,失意性的挫折状态。挫折是指一个人在实现某种目标的活动过程中,由于受到干扰与妨碍,致使目标不能实现之时所产生的情绪状态。

任何人在追求理想、实现预定目标的路途中,并非总是一帆风顺的,经常会出现各种各样的挫折。成功了当然兴高采烈,失败了也不必丧失信心,灰心丧气。有道是"吃一堑,长一智",失败往往是成功之母。引起挫折的原因可以分为客观因素与主观因素:外部的客观环境因素,主要包括自然界方面的原因与社会方面的原因。自然环境方面的因素一般包括天灾、环境污染、生老病死等;社会环境方面的因素一般包括政治上受到的压抑,经济上的不合理待遇,与领导或者与同事的关系紧张,自己的人身受到攻击或者不公正的评价。

内部的主观因素,包括所有的由于个人的条件限制而无法达到目的的情形。例如,体型、容貌有生理上的缺陷;个人的能力水平不高,不能完成预定任务;个人的人格有缺陷;个人的自我评价与自我意识出现障碍,有时评价过高,产生自傲心理,有时评价过低,产生自卑心理;由于遇到嘲讽、攻击、危险之时所产生的内心恐慌等,这些都属于引起挫折的内部原因。

第一章　情绪与情感概述

同样是逆境、挫折情境,有的人会产生挫折心理,有的人却不会产生挫折心理,这与人们对挫折的容忍力息息相关。挫折的容忍力是指人们对付打击、对抗失败的能力。在千丝万缕的生活情境之中,随时都会出现各种各样的挫折,有的挫折时间短促,有的挫折时间持续得比较长久;有的挫折十分强烈,有的挫折则十分轻微。人们在遭遇挫折与困难之时,所产生的反应有较大的差异性。某种障碍或某种打击对这个人来说,关系重大,也许会使他一连几个月都抬不起头;而对另一个人来说,或许根本就无关紧要,丝毫也不会对他造成伤害。当然,如果是十分沉重的打击,或者有许多严重的失败与事故接踵而来,可能对任何人都会产生较大影响,因为祸不单行对谁而言都是一个十分沉重的心理负担。

挫折容忍力上的个人差异取决于许多条件,要培养自己对待挫折的容忍力,需要长期的自我磨炼,需要认真地分析与对待眼前出现的任何一种复杂的情况与条件。

一般来说,人们在遭受挫折以后,通常会产生以下几种反应:

(1)直接性或者间接性的攻击行为

特别是当个体意识到社会中的某种因素给自己造成了困难,限制了自己的发展时,便会采取对抗性行为来予以反击:一来可以适当宣泄自己心中的苦闷;二来还能够显示一下自己不怕困难的能力。

(2)冷若冰霜

受到挫折之后的冷漠往往蕴含着愤怒,但由于愤怒之情暂时受到了压抑而无法立即释放出来,因而以一种冷若冰霜的面貌和冷漠的心境来表示自己的不满与反抗。根据研究,冷淡通常会伴随着下列几种情况而出现在自我的天空之中:①连续地遭受打击,心情一再地郁郁不乐;②挫折与困难十分强大,自己感到无力回天,失望的感受油然而生;③自己的心理上存在着冲突,是表现出攻击性行为,还是继续压制自己,一时还很难有个抉择;④困难的局面与挫折的情境给自己造成了心理上的伤害,引起一定的心理恐惧,也许还出现一定程度上的生理痛苦。

(3)做起了"白日梦"

这是一种自我安慰,一种把希望寄托在未来的向往。所谓白日梦,其实也就是一种幻想。当挫折出现之后,自己不愿意面对眼前的现实,所以便在自己的大脑之中,以想象的方式暂时远离现实,虚构一个美好的情境并且畅游于其中。白日梦对人们的不良情绪能够起到一定的缓冲作用，能够加强人们对未来的美好憧憬。然而，幻想毕竟是空中楼阁，很难解决眼前的任何一个实际问题。要想名副其实地实现理想，必须勇敢地面对挫折。

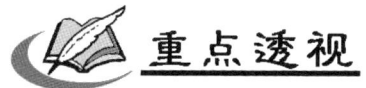重点透视

情绪与情感

情绪与情感是既有区别又有联系的两个概念。

情绪与情感的产生都是以人的需要为基础的。人的需要多种多样，一般可分为生理性需要和社会性需要。情绪主要是生理性需要是否满足而产生的内心体验，情感则是人的高级社会性需要是否满足而产生的体验，这些需要包括对劳动、文化、交往、艺术的需要，等等。

情绪与情感的区别主要有以下几点：

第一，情感具有较大的稳定性、持久性与深刻性，是对人对事的一种比较稳定的主观体验。

通常来说，情感在人的个性结构之中占有十分重要的地位。情感过程与认识过程、意志过程共同构成一个人完整的心理过程。

情绪则具有较大的情境性、暂时性与激动性,是对人对事的一种比较短暂的主观体验。通常来说,情绪直接体现于人们的一言一行之中,而且往往会伴随着周围环境的改变和自身需要的满足而逐渐减弱或者消失。

第二,情绪是情感的初级形式和表现形式。情绪反应通常伴随着明显的外部动作。例如,高兴时手舞足蹈,悲伤时捶胸顿足,愤怒时暴跳如雷。情绪一般在发生之后,很难得到控制。

情感通常不会表现出激动性的外部动作,而是以一种内心体验的形式存在于我们的身体内部。例如,殷切的希望、深深的恨、深沉的爱,一般都深埋在人们心底,不会轻易地表露出来。

情感与情绪虽然有一些明显的区别,但二者的联系也十分密切,尤其在每一个具体的人身上,二者往往如水乳交融,很难进行严格区分。首先,情感离不开情绪,稳定的情感是在情绪的基础上逐步形成起来的,同时通过情绪的反应表达出来;其次,情绪也离不开情感,情绪的变化通常反映出情感的深度,情感往往蕴含在情绪反应的过程之中。

目前,有许多学者认为,情感这种稳定的主观体验是介于情绪与情操之间的一座桥梁。情绪是情感的初级形式,是情感的外在载体；情操则是情感的高级形式，是情感状态的升华。

情绪和情感虽然都是由客观事物引起的，但客观事物本身并不直接决定情绪和情感，客观事物与情绪和情感之间的联系是以人的需要为中介的。一般而言，凡是符合人的需要、能满足人们欲望的客观事物，就会引起肯定的情绪与情感；凡是不符合人的需要、不能满足人们欲望的客观事物，就会引起否定的情绪与情感。

例如，饥饿的人得到了食物就会笑逐颜开，得不到食物就会愁容满面。渴望学习知识的人哪怕是得到一本普通的书都会无比欣慰，而得不到书本则会感到日子过得无聊。道德高尚的人看到助人为乐的行为就会感到敬慕，看到世风日下、人心不古则会感到无比气愤。

笑逐颜开、欣慰、敬慕都是肯定的情绪与情感，愁容满面、心事重重、气愤都是否定的情绪与情感。那些与人的需要没有直接关系，不能够与人的需要发生直接作用的客观事物，对人而言，既不会产生什么利益，又不能得到什么伤害，充其量只是一种中性刺激，一般不会引起人们的情绪与情感。

自我测试

中学生的情绪卫生

一、什么是情绪

人们在生活和社会实践活动中,往往会产生各种不同的体验。情绪就是作为认识主体的人对客观事物是否符合自己的需要而产生的态度体验。一般说来,凡符合、满足人的需要的客观事物,往往使人产生满意、愉快、喜爱等情绪体验;反之,凡不符合、不能满足人的需要的客观事物,则会使人产生不满意、不愉快、憎恨、忧愁等情绪体验。

客观事物和人的主观需要是多种多样的。因此,反映这种关系的情绪也是极其复杂的。同一事物,既可以引起肯定的情绪,也可以引起否定的情绪。例如,对待学习,学生为取得优异的成绩而感到愉快,也可能同时由于劳累、厌学而有不快之感。

情绪活动与心理的其他活动不同,它除了产生独特的主观体验(如喜、怒、哀、惧)之外,还伴有独特的生理变化和表情动作。

第一章 情绪与情感概述

情绪的生理变化是指情绪在发生时,有机体内部呼吸系统、循环系统、消化系统、外分泌腺、内分泌腺及其代谢过程等发生的相应变化。如满意或愉快时,心跳正常,通常会使胃液、唾液的分泌增加,胃肠蠕动加强;暴怒时,心跳加快,血压升高,血糖增加。在情绪状态中,泪腺是容易观察到变化的外部腺体,汗腺在情绪发生时也有明显变化。在激烈紧张的情绪状态中,肾上腺分泌增加,导致血糖、血压、消化器官以及其他腺体活动发生变化,使有机体处于应激状态。在情绪状态时,不仅发生外周变化,脑电活动、中枢神经介质等也随着发生变化。

情绪的表情动作是指在情绪发生时,有机体外部发生的变化。包括面部表情、身段表情、言语表情等。面部表情是指在情绪状态下,人的面部肌肉(包括眼、眉、嘴、颜面等)和腺体的变化。身段表情是指人在情绪状态下,身体各部分的表情动作。言语表情是指人在情绪状态下,人的语言、语调、言语节奏和速度方面的变化。在实际生活中,把面部、身段、言语表情结合起来,参照当时的情境,就可以准确地判断各种情绪。

从情绪发生的强度、速度和持续时间可分为激情、心境、应激三类。激情是一种强烈的、暴发式的、短暂的情绪状态。例如,激愤、暴怒、恐惧、狂喜、悲痛、绝望等。它的针对性十分明显,情境性很强,犹如狂风暴雨般地突然爆发,但持续的时间往往比较短暂。积极的激情能激发人奋发向上、克服困难、战胜敌人。心境是一种缓和而持久的情绪状态。心境不是对于某一特定事物的体验,而是一种非定向的弥散性体验,影响人的整个精神活动的情绪状态。当一个人处于某种心境中,往往以同样的情绪状态看待一切事物。良好的心境,使人有"万事称心如意之感",仿佛一切都染上了愉快的色彩。应激是在出乎意料的紧张情况下所引起的情绪状态。当人遇到危险而又紧张的情况,必须迅速做出重大决策时,便可导致应激状态。应激的积极作用使人具有特殊的防卫机能,调动潜力,激化活动,增强反应力,及时摆脱险情。适度的紧迫感还可以促进学习和工作,有利于提高活动的效率。应激的消极作用是使人的意识范围缩小,认识机能下降,行为动作紊乱。强烈而持续的应激状态不仅会干扰人的学习和工作,而且会影响人的身心健康。

二、中学生的情绪与身心健康

快乐的人,寿命通常比抑郁的人要长。愉快的情绪对自己各方面都具有催化的作用。下面让我们一起来探讨中学生的情绪对其身心健康的影响。

第一章　情绪与情感概述

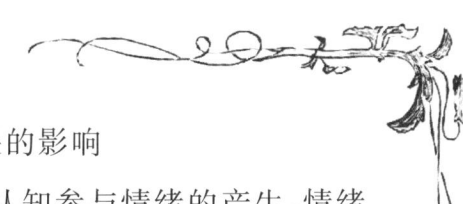

（一）情绪对中学生认知发展的影响

情绪和认知是相互作用的,认知参与情绪的产生,情绪影响认知的种类和进程。但是,在这种相互制约的关系中,情绪对认知的主导作用显得更为重要。

1.情绪的状态决定着客体的某些属性能否被感知以及感知的结果

在课堂教学中,学生自身若没有一定的情绪状态,客体的某些属性便不能成为认知对象。而且,客体的某些属性即使被感知,由于学生自身情绪不同,感知的深度和结果也会不同。

2.情绪状态决定着学生对客体的记忆效果

当学生的情绪良好时,注意力容易集中,对事物的感知清晰,记忆牢固;当学生的情绪消极时,如在烦恼、厌恶、紧张状态下,注意力难以集中,对事物感知不深,记忆不牢。

3.情绪状态在学生思维的灵敏性和选择性中起着主导作用

在学习过程中,学生并非按照教学内容去思考所有的问题,而是对那些容易引起其注意、使其感兴趣的问题进行思维,即思维的选择方向是受情绪状态支配的。当学生的情绪良好时,学生思维变得敏捷,思路变得宽广,解决问题效率高,反之,思维变得僵化。

4.情绪状态激发了学生的想象活动

中学生的想象充满了丰富的情感,情感越丰富想象越活跃。

(二)情绪对学生个性的影响

人的全部活动和行为方式都会受到情绪状态的影响。当情绪对人的活动的影响或人情绪的控制具有某种稳定的、经常表现的特点时,这些特点就构成了性格的情绪特征。良好的情绪状态如稳定、持久、愉快等会对性格的形成起到积极的作用;反之,对性格的影响是不利的。中学生正处在情绪变化比较激烈的时期,不良的情绪影响着他们行为方式及优良性格的形成。

人的气质特征经常是用情绪特征的词汇描述的。尽管人的气质无好坏之分,但长时间受情绪影响,也会使人的气质形成好与差的特点。如活泼的、乐观的、多疑的、可靠的、忧郁的、易怒的,等等。因此,应大力培养良好的情绪体验,建立良好的情绪系统,使气质充满良好的健康的情绪色彩。

(三)情绪对学生身体健康的影响

情绪是影响健康的心理因素。心理可以致病,也可以治病。愉快、平静、心情舒畅等肯定的情绪,能保证机体的内脏器官和腺体的正常活动,增强机体对各种外来不良因素的抵抗力,有益于人的健康。而忧郁、愤怒、恐惧、过度紧张等不良情绪则会引起机体生理活动紊乱,导致免疫系统的功能障碍,如果长时间不能恢复正常,就可导致疾病。中医有所谓"怒伤肝、哀伤心、思伤脾、恐伤肾"的说法,强调的就是情绪对健康的影响。医学心理学认为,在学校教育中,批评过多,学习任务过重,适合学生年龄特点的课外活动太少,都会引起学生强烈的焦虑和恐惧,致使出现某种躯体症状,如呕吐、腹痛或头痛等。愉快而平静的情绪能增强中学生对疾病的抵抗能力和康复能力。巴甫洛夫曾指出:"积极、愉快、坚强的意志和乐观的情绪,可以战胜疾病,更可以使人强壮和长寿。"

(四)愉快的情绪有助于建立和谐的人际关系

社会交往是人的基本需要。和谐的人际关系有利于他们的身心健康发展。我国著名医学心理学家丁瓒教授曾指出:"人类的心理适应,主要的就是人际关系的适应。在人际交往中,人不但依靠语言传递信息,情绪的外部表现也是很重要的人际手段。"通过积极的情绪表情,如真诚的微笑、满意欣赏地点头、富于同情的表情等,往往能使人互相接近、互相了解,架起友谊和情感的桥梁,建立起和谐而友好的人际关系。

三、情绪的发生和变化

(一)情绪的发生和变化主要是受社会需求的影响

中学生自我意识强烈,自尊的需求迫切,他们珍重自己的荣誉,尽一切努力保护自尊心。因此,当他们意识到有某种威胁自尊心的因素存在时,就会产生强烈的不安、焦虑和恐惧;当自尊心受到伤害时,就会生气、愤怒。因此,他们对于别人的嘲笑、蔑视反应会非常强烈,对于教师的忽视、压制、不公平对待也会非常敏感。

(二)意识参与调节和控制情绪

中学生的情绪虽然比成年人易生易消,但毕竟比孩童时期有较大的抑扬,这里意识起着调控作用。如个人受到外人有意无意地伤害,若是儿童多会发怒,而中学生则受自己的意识控制,或怒而不争,或怒形于色,或气而不怒。

(三)情绪发生的阶段性

情绪受个人观念、意志的制约,情绪的发生有一个过程,表现出阶段性。以怒为例:第一阶段是潜伏期,表现为不满、厌恶、极不愉快的内心体验滋生,但仍未失去理智,意志尚起作用,可以强装笑脸、抑制自己;第二阶段是爆发期,理智失去作用,意志监督失灵,产生不可抑制的愤怒表情。

伴有强烈的生理反应和外部行为;第三阶段是休克期,暴怒过去,出现安静和疲劳,精力衰竭,精神萎靡,伴有头痛、周身不适等症状。

(四)情绪反应易变化、强度大

在中学时代,容易狂喜、暴怒,也容易极度悲伤和恐惧,情绪来得骤然,去得迅速,顺利时得意忘形,受挫时,垂头丧气,三言两语惹着他们就会勃然大怒,意外的打击会使他们丧失信心,甚至会走上轻生的绝路。

(五)中学时代心境的方式

中学生的心境主要有两种:一是欢乐,二是焦虑。欢乐是由于生命力的活跃所致,焦虑是由于学习负担所致。中学生的这两种心境是稳定的、交替的。放假了,学习任务胜利完成了,心境就无比欢快、放松;开学了,新的学习任务摆在面前,紧张、焦虑就油然而生。欢乐与焦虑就是这样循环交替,贯穿着整个中学阶段。中学生的心境虽是稳定的,但带有即兴性的特点,表现出比成人更易受感染。如在阅读文学作品,观看电影、电视节目或日常遇到感情色彩浓厚的事物时,中学生较成人更容易被感染,表现出彼喜我亦喜,彼忧我亦忧,物我相融的即兴性。

(六)心理特征存在着个体差异与性别差异

情绪反应存在个体差异。有的爱哭,有的爱笑;有的易怒,有的易悲;有的终日乐不可支,有的整天愁云遮面。同时,还存在性别差异。如在消极情绪的表现方式上,男生倾向于发怒,女生倾向于悲哀和惧怕;在情感稳定性上,女生常为小事而伤心难过,但转过脸来即破涕为笑;男生的情感则相对稳定些。在日常心理体验上,男生容易被兴奋、乐观所笼罩,女生则易被孤僻、悲伤所感染;在对同龄人的情感态度上,男生重视"哥们儿"之间的信任感情,女生则常常流露出对同伴的猜疑与忌妒。

四、中学生不良情绪的表现

所谓不良情绪是指两种情形:一为过于强烈的情绪反应;二为持久性的消极情绪反应。情绪正常与异常的区分主要是看情绪反应与所处的情境是否相符;情绪反应的强度;情绪持续时间的长短。从这三方面把一个人的情绪同大多数人相比较,同时与他本人在类似情形下的惯常表现相比较,如果是合乎常情的,那就是正常的,否则就是不正常的。中学生的不良情绪主要有以下几种表现:

(一)情绪淡漠

人人都有情绪的波动,这是正常的情绪反应。大千世界中人有七情六欲,如果一个学生对周围的一切事物都丧失兴趣即采取漠然的态度,这就是情绪不正常。

(二)喜怒无常

正常人的情绪会因情境的变化而变化,喜怒无常则是在同样的环境条件下,时而喜、时而怒,不能控制自己的情绪。

(三)对不同的环境做出相同的反应

环境在不断发展变化,人们必须随之做出相应的情绪反应。而情绪异常的学生对任何刺激都做出同样的反应,或情绪低沉、抑郁,或笑脸常在,情绪反应一成不变。

(四)持久的紧张焦虑

焦虑常伴有忧愁、烦恼、内疚、紧张、抑郁、不安等情绪反应。如果持续时间太久,长期处于紧张惶恐的状态,就会影响人的身心健康。

五、处理情绪的措施

不正常的情绪不仅能影响一个人的行为,损害其精神健康,还会导致人体疾病。对中学生来说,正常的和健康的情绪生活,确实是极其重要的。因此,教师和家长要加强教育,使他们学会调节和控制自己的情绪,经常保持良好的情绪状态。

(一)教育学生树立正确的世界观

正确的世界观是科学认识的体系,是个性的核心部

分。它调节、支配着人对周围世界的态度,也决定着包括情绪在内的整个心理活动。积极的态度和肯定的情绪是以正确的世界观为前提的。中学阶段是世界观逐步形成的时期,帮助中学生逐步形成正确的世界观,就抓住了培养健康情绪的根本。实践证明,有了正确的世界观,学生才能把社会需要、精神需要放在首位,才能以主人翁的态度投入学习和工作,正确处理个人义务与权利的关系,为社会做出贡献,并从中体验到满足和幸福的情感。正确的世界观能帮助中学生坚持正确方向,勇于面对一切困难和挫折,在任何时候都充满信心,保持积极的情绪状态。正确的世界观能帮助中学生找到实现理想的正确途径,在学习遇到困难时,能自觉地调节和支配自己的情绪,刻苦钻研,以期成功。

(二)组织丰富多彩的活动,丰富学生的情绪体验

活动是产生情绪的最重要源泉。在活动中,人们认识到事物与需要之间的关系,从而体验到积极的情绪,克服消极情绪。特别是中学生,由于生理上发育迅速、精力旺盛,只有组织丰富多彩的活动,使其多余精力充分有益地施展,并在活动中充分发挥其聪明才智,才能体验到满足感。在丰富多彩的活动中,中学生可接触到学校和书本上所不能获得的知识,丰富生活经验,建立协调、和谐的人际关系,发

展义务感、责任感、荣誉感等积极有益的情感。中学生大都热情、活泼、好动,最喜欢老师组织各种活动,最讨厌学校死气沉沉。教师应想方设法满足学生这一要求,在完成课堂教学任务后,多开展一些课外活动,诸如组织学生参观工厂、访问科学家、游览名山大川、名胜古迹、革命圣地等。

(三)营造良好的生活学习氛围

要培养中学生积极健康的情绪,就必须营造良好的生活与学习的氛围。一个学生从小在温暖、愉快的家庭中生活,得到父母正确的爱,在学校中又受到老师、同学的尊重和正确的评价,家庭与学校成员间都相互关心、相互帮助,这种良好的气氛必然会给他带来安定、沉着、幸福的情绪。相反,如果家庭和学校成员间的关系不和谐,充满冲突,必然会引起学生心理上的紧张和不安,带来情绪上的激动和沮丧。因此,学校必须有一个美好的环境,整个学校是一个团结、紧张、严肃、活泼、乐观向上的集体,学生在集体情感的熏陶下,就会具有健康的欢乐情绪。

(四)教育学生学会调控情绪的方法

教师一方面要有意识地培养学生的积极情绪;一方面要教会学生调控自己的消极情绪。

怎样的调控情绪方法才是最有效的呢?

1.学会放松

不论在比赛、考试或其他活动前,当过分紧张、烦恼、惧怕时,可采用深呼吸的方法,即深深地吸气慢慢地呼气,使自己的身心放松。还可用自我暗示的方法,如反复默念:我现在放松了,我的全身处于自然而然的轻松状态;我完全可以取得活动的成功……还可用胜利者的形象鼓舞自己,并回忆过去成功的体验。

2.学会情绪转移

在有情绪反应发生时,头脑中便有一个较强的兴奋灶,此时如果另外建立一个或几个新的兴奋灶,便可抵消或冲淡原来的优势中心。当火气上涌时,有意识地转移话题或做点别的事情来分散注意力,情绪便可得到缓解。在怒气未消时,可以用看电影、听音乐、下棋、打球、散步等有意义的轻松的活动,使紧张情绪松弛下来。

3.学会宣泄

人在生活中难免会产生各种不良情绪,如果不适时地采取适当的方法加以宣泄和调节,对身心都将产生消极影响。所以,如果一个人有不愉快的事情及委屈,不要压在心里,而要向知心朋友或亲人诉说出来或大哭一场。这种发泄可以释放积于内心的郁闷,对于人的身心发展是有利的。当然发泄的对象、地点、场合和方法要适当,避免伤害别人。

4.学会自己安慰自己

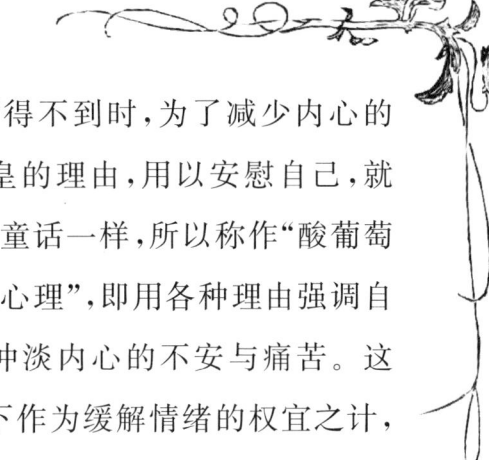

当一个人追求某件事情而得不到时,为了减少内心的失望,常为失败找一个冠冕堂皇的理由,用以安慰自己,就像狐狸吃不到葡萄说葡萄酸的童话一样,所以称作"酸葡萄心理"。与此相反的是"甜柠檬心理",即用各种理由强调自己所有的东西都是好的,以此冲淡内心的不安与痛苦。这种自欺欺人的方法,偶尔用一下作为缓解情绪的权宜之计,对于帮助人们在挫折面前接受现实、接受自己、避免精神崩溃不无益处。但用得过多,成为个人的主要防卫手段,则是一种病态,会妨碍自己去追求真正需要的东西。

5. 学会使用幽默

幽默感是一种特殊的情绪表现,也是一种适应环境的工具。具有幽默感,可使人们对生活持积极乐观的态度。许多看来令人烦恼厌恶的事物,用幽默的办法对付,往往使人们的不快情绪荡然无余,立即变得轻松起来。

(五)处理情绪应注意的问题

1. 防止情绪匮乏

一个人从小被剥夺了愉快情绪的体验,引起情绪匮乏,必然有碍他的身心健康。没有爱的家庭,父母整天对孩子训斥,拒绝孩子的一切要求,情感表现冷漠,无足轻重的小事也给予严厉的惩罚;父母丧失(包括父母单方)或情感破裂、离婚的家庭,孩子处于紧张状态,缺乏温暖和欢乐;在学校里,教师对学生批评训斥得过多,学业负担过重,缺乏适当表扬与奖励,在集体中一些学生遭到歧视、冷漠,有了过失行为后,遇到的是人们的冷言冷语,讽刺挖苦,得不到应有的尊重等,在以上这些情况下,都会造成情绪饥饿。

心理学研究表明,如果儿童和青少年得不到关怀,他们的情感与性格的发展必然受到挫折。不是显得顽固、冷酷、残忍,就是自卑、胆怯、畏缩、固执、孤僻等。犯罪心理学也证明:来自破裂、不和家庭(如父母经常争吵或离婚)的青少年犯罪率较高。因此,家庭、学校、社会应营造温暖、协调和谐的氛围关心青少年的成长。

2.避免溺爱子女

家长对子女过于溺爱,便会使孩子过着饭来张口、衣来伸手的依赖生活。他们的一切要求父母千方百计地予以满足,这样易养成儿童、青少年事事依赖父母的习惯,遇事退缩,缺乏独立性、自信心和毅力,一旦离开父母,就无法适应千变万化的环境。他们对情绪的控制和对挫折的忍受力也较低,因此极易激动。久而久之,他们虽然年龄在增长,但其情绪和行为却很幼稚。有些家长奉行"不打不成器""棍棒底下出孝子"的信条,在自己的孩子不听话、贪玩、做错事、学习成绩不好或沾染了不良习气时,不是晓之以理、动之以情地循循善诱,而是采用打骂、体罚等办法。青少年在这种强迫服从的高压环境中,非常容易形成自卑、胆怯、畏缩等不良情绪。

3.避免对子女放任自流

有些家长只知满足子女的要求,不加任何限制,也不提任何要求,而是放任自流,任他们为所欲为。在这样的环境下成长的儿童,往往会养成冷酷无情、自私霸道、暴躁、攻击他人等性格特征,甚至为了达到个人的目的而不择手段地损害别人、损害社会。这样的人,适应社会极其困难,存在着极大的情绪障碍。

粗暴和放任自流都不利于良好的情绪培养。家长和教师既要避免使孩子遭受重大精神打击和接连不断的挫折,又要提供适度的挫折情境以锻炼青少年的挫折耐力。

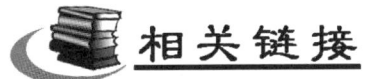相关链接

润物细无声

陈家彤,女,17岁,墨城师范大学附属中学高中一年级学生。

1997年5月的一个下午,她来到了墨城著名的"青年之家"——唐氏心理对话室,开诚布公地向唐先生叙述了自

己的困惑。

"我的情绪变化很大,时好时坏,有时候感到天高云淡、十分愉快,有时候又莫名其妙地感到山重水复、十分悲伤。情绪好的时候,干什么事都有信心,也都干得很不错;情绪不好的时候,干什么事都没有意思,干得是一塌糊涂。最近,情绪非常糟糕,学习成绩也下降了一大截,我真不知道怎么办才好。"

唐先生一边认真地听她讲述,一边仔细地做了记录,然后根据她的陈述,拿出了一份修订之后的临床症状自评量表(SCL-90),让她如实填写。过了大约40分钟,陈家彤填完了这份量表。唐先生依据她填写的情况进行了认真的统计与分析,发现陈家彤的心理健康状况良好,只是由于情绪上的不稳定而引起了一些局部的身心不良反应。但是,一旦任其发展下去,或许就会产生抑郁或者焦躁的性格。而且,唐先生根据自己的观察与经验,意识到问题远远不止陈家彤刚才诉说的那么简单,在情绪反复无常的背后一定隐藏着一些其他原因。针对这种情况,唐先生和蔼可亲地说道:"根据刚才的测量,你的心理十分健康,你不要有什么忧虑,这分量表的测量有着很强的科学性。我现在来问你一个问题,你一定要如实回答。你情绪有时很低落,最坏时能达到什么程度呢?也就是说,在你情绪非常难以控制之

时,你都想了些什么甚至做了些什么?"

陈家彤微微地动了动眼睛,似乎有些悲伤地说道:"唐老师,不瞒你说,当我的情绪非常低落之时,我根本就不想上学了,有时甚至还有离家出走的念头。"

唐先生好像发现了一根闪亮的丝线,便压低了嗓音,缓缓地说道:"离家出走,这么好的年华,离开自己的家庭,那可是十分不应该的。顺便问一句,是不是父母有时候闹矛盾影响了你的学习呢?也许父母对你管教得太严,让你不太适应吧?"

陈家彤听了唐先生的这一番话,好像受了莫大启发:"唐老师,你说对了。我妈总是训斥我爸,说我爸是窝囊废。我爸是一个小学教师,特别老实。从我记事时起,我爸被我妈骂得不敢回家,至少有三次。"

"你觉得你爸窝囊吗?"唐先生不失时机地问道。

"我觉得他很可怜,总是不爱说话。"

"你觉得你爸是一个有能力的人吗?"

"不知道,但我很同情他。"

"那你对你妈是什么印象呢?"

"我觉得我妈也是为了家庭好才一天到晚地数落我爸,只是我妈所采用的方式不大正确。"

"邻居是怎么评价你们家呢?"

"他们说我爸是一个傻子,说我妈是一个母老虎。"

唐先生感到,陈家彤对自己的处境是十分清楚的,正是由于家庭的影响而使她的情绪受到了一定的刺激,心理上存在一定的阴影,于是开了这么一个"处方":

1.唐先生亲自到陈家彤的家庭去了一趟,做一做她父母的思想工作。

2.陈家彤首先应当信任自己的父母,主动与父母多沟通;其次,应当在父母发生矛盾之时,发挥调解员的作用,不能够自己也待在一旁受气。

3.陈家彤要正确地认识他人对自己家庭的评价,更不要因为他人的评价而否定了自我评价的正确性。

4.陈家彤的班主任要多关心她,多给她参加集体活动的机会,让她感到学校的温暖。

5.陈家彤应当制订一个学习计划,并且重新调整自己的学习目标,使自己确实充实起来。

唐先生感到,这些还远远不够,因此,又把她吸收为谈话室的成员,多给她与自己交流的机会,并教给她一些调节情绪的方法。

经过三个多月的教育与调整,陈家彤在情绪上再也没有大起大落了,对生活的感受也比较平稳了。

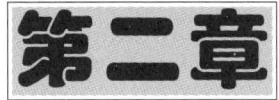

情绪的作用

QING XU DE ZUO YONG

第二章　情绪的作用

青少年时期是人生中十分关键的过渡时期。青少年的情绪既具有童年期的一些特点，也具有成年期的一些特征。一般来说，青少年的情绪发展正处于心理断乳期，变化速度较快，反应十分强烈，起伏性与波动性都很大，而且常常表现为两极波动，即在狂喜的山巅到郁闷的深渊之间来回游动。有人用"心血来潮"来形容青少年的情绪变化，其实，用"玩的就是心跳"来表示也比较贴切。青少年常常因为一点成功的收获而扬扬得意、忘乎所以，仿佛自己无所不能、无所不会；又常常因为一点挫折与打击而变得垂头丧气、怨声不绝，仿佛自己什么也不能、一点用处也没有。在这两个极端之间的反复徘徊很容易造成心理疾病。因为成功之时的过分自信与失败之时的过分自卑是一种巨大的心理落差，对各方面发育尚没有完全成熟的青少年而言，往往是一种不能承受的负担，心理问题也就由此接踵而至。因此，对青少年实施情绪与情感的教育很有必要，势在必行。

那么，情绪到底具有哪些功能呢？青少年又应当如何去避免情绪的不利影响呢？

情绪的功能

在人的精神活动之中,情绪是一个极其重要的组成部分,无论是在社会实践中,还是在人们的心理活动中,都发挥着十分重要的作用。

一、情绪对行为有较强的促进作用

在许多心理学书籍中,情绪对行为的促进作用也被称为情绪的动机作用。

众所周知,人的活动与行为是受动机来调节和支配的。动机是指引起和维持个体的活动,并且使活动朝向某一目标开展的内部动力。人类的各种活动都是在动机的指引下,并且朝向一定的目标而展开的。由动机引发与维持的行为必然是一种有目的、有计划、有方向、有组织的活动。在人类的这些活动之中,情绪具有一些动机的性质,它是激励人们开展活动、提高人们活动效率的动力因素之一。情绪的动机作用表现在三个方面:

1. 激活功能

人们在高兴之时,情绪激昂,如烟的往事都会化为一种美好的记忆,使人们相信生活自始至终都是那么美好、那么

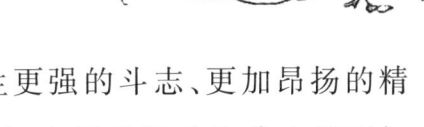

令人心动,从而激发人们产生更强的斗志、更加昂扬的精神。而每当这种情形来临之时,人们的行动步伐也就更加坚实。

人们在忧伤之时,情绪低落,忧伤的往事是才下眉头,却上心头,这不仅不能够增强人们对美好生活的向往,而且还会抑制人们追求成功的欲望。

2.指向功能

情绪表明了人们对待某种事物的态度,当人们对某一种事物的体验十分愉快之时,他就会把追求这种愉快的体验当成一个局部的目标,从而更加明确地将自己的才能与智慧聚集在这种事物之上。这就是情绪的指向功能。例如,喜欢学习的学生能够体验到学习的愉快与幸福,在这种快乐体验的支撑之下,他可能去书店买书、去图书馆看书、去找他人借书、去书摊租书,这一系列的行为都会围绕着学习来展开。相反,一个不喜欢学习的学生,就不太可能去从事这种与学习相关的活动。

3.维持与调整功能

当活动产生以后,人们能不能把这种活动坚持到底,同样受到情绪的调节与支配。当活动与人们所喜欢的目标协调一致时,相应的情绪也就会获得强化,变得更为活跃;当活动与人们所喜欢的目标背道而驰时,相应的情绪就得不到强化,活动的动力也就随之减弱以致停止。情绪在维持人们开展活动的过程中,能够起到较强的调节作用,它能够调动人们继续开展活动的主动性、积极性,以一种精神的力量来鼓励人们不断前进。假如人们不喜欢或者不愿意从事某项活动,即使在开始的阶段勉强着手进行了,也维持不了多久,因为没有愉快的情绪体验,人们很难从心底生发出不断奋进的动力。当然,情绪只是一个重要调节因素,是其中的动力之一,并不是唯一的动力。

无数的研究与事例已经证明,适度的情绪兴奋性,能够使人们的身体与心理处于活动的最佳状态之中,能够十分有效地激发出人们内在的潜能,进而推动人们更加愉快地去完成活动任务。俄国著名作家陀思妥耶夫斯基十分看重这一点,虽然他不否认冷静地思索能够使思维的脉络更加清晰,但他更重视适度的兴奋性与紧张感在创作过程中的作用。他认为,在这种状态之下,作家的灵感往往会泉涌而出,佳作迭现,而且作品中的人情味也变得十分浓厚,读者读起来更容易与作者引起共鸣。

适度的情绪兴奋性到底是多大程度上的兴奋性,往往引起人们的争论。一般来说,让人们保持适度的兴奋性也就是保持适当的紧张与焦虑。至于应当保持多大程度的紧张与焦虑,这与每个人的个性特征有很大关系,也与人们所

第二章 情绪的作用

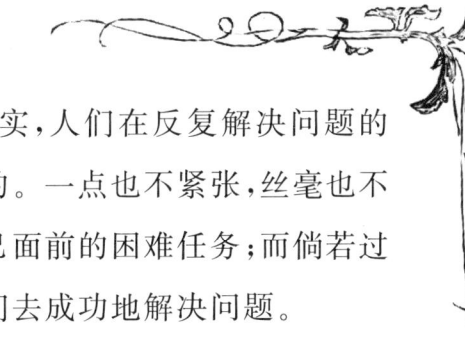

面临的任务难度紧密相关。其实,人们在反复解决问题的过程中,是完全能够体验出来的。一点也不紧张,丝毫也不去焦虑,就根本无法去解决自己面前的困难任务;而倘若过分紧张、非常焦虑也不利于人们去成功地解决问题。

二、情绪对人们的环境适应能力有增强作用

现代社会是一个日新月异的庞杂系统,随着科学技术的不断发展,随着人们生活水平的不断提高,社会的变革也日益加剧。无论是在政治、经济领域,还是在文化领域,都发生了翻天覆地的变化。随着这些变化的日益深入,社会观念、社会价值以及人与人之间的关系也相应地发生着或大或小的变化。正是这剪不断理还乱的复杂关系,使人们适应环境的能力受到了前所未有的挑战。

而良好的情绪能增强人们适应环境的能力。复杂的人际关系、工作关系可以通过调节情绪来进行疏通。例如,张家的大哥由于误解无缘无故地骂了你一顿,你一定会十分恼火,觉得自己真是受了莫大的委屈,很想痛快地回敬他一顿,把他也骂得狗血喷头。且慢!如果你是一个心胸大度的人,你一定不要为这点小事而伤了心神、耗了精力,那是非常得不偿失的一件事。你应当一笑了之:这算什么事啊!况且还是一种误解导致的,没有必要往心里去。如此,你就

会主动地与他和好,乐观、善意地与他交往。因此说,健康的情绪对人们的适应能力有一定的提高作用。

良好的情绪必然会带来良好的心情,良好的心情必然能够使人们在处理人际关系之时,显得更加亲切、更加容易接近。时间长了,人们自然非常乐意与你交往。

当然,由于人世中各种情况的过于复杂与难以琢磨,一种新观念或者新情况的出现,人们有时并不能够及时地采取某种措施并且做出适当的反应,从而在情绪上出现困扰,影响到自己的环境适应能力的发挥。事实证明,一个热情、乐观的人能够更好地展现自我,并且更容易被他人所接受。相反,一个情绪糟糕、喜怒无常的人非但不能充分地表现自我,更不能够为多数人所接受与理解。

三、情绪能够起到信息传递的作用

在人们的学习、生活与工作中,情绪与情感是人们相互影响的一种十分重要的方式。情绪能够在人际交往的过程中起到传递信息、沟通思想的作用。有很多心理学家将情绪的这种功能称为情绪的信号作用。情绪的信号作用通常是通过表情来实现的。因为情绪一般都与表情有着较为紧密的关系,表情又是思想的信号,也是人们的交际手段之一。

第二章　情绪的作用

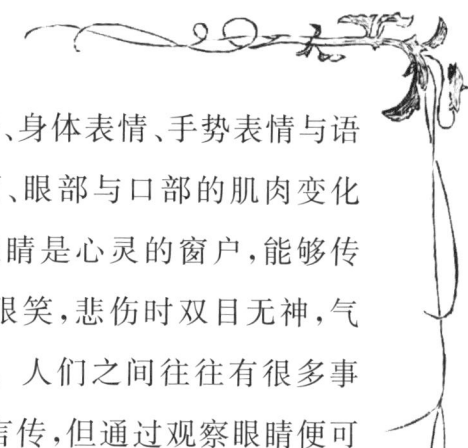

　　表情通常能够分为面部表情、身体表情、手势表情与语调表情。面部表情是指通过颜面、眼部与口部的肌肉变化来表现各种相关的情绪状态。眼睛是心灵的窗户,能够传情表意。例如,高兴时人们眉开眼笑,悲伤时双目无神,气愤时怒目而视,吃惊时目瞪口呆。人们之间往往有很多事情只能意会,不能言传或者不便言传,但通过观察眼睛便可了解他内心的愿望与思想。眼神是一种非常重要的交往手段,通过眼神往往就能够推知他人的态度,是赞成还是不赞成,是喜欢还是讨厌,是接受还是拒绝。口部肌肉的变化也是表现情绪的一个重要方面。例如,人们在紧张时张口结舌,在憎恨时咬牙切齿,在高兴时满脸堆笑。美国著名心理学家艾克曼通过实验向人们证明,面部的不同部位在表现情绪方面的作用不尽相同:眼睛对表达忧伤之情最为重要,口部对表达快乐之情最为重要,前额对表达惊奇之情最为重要,眼睛、嘴巴和前额对表达愤怒之情都很重要。

　　身体姿态是表达情绪的又一种重要方式。例如,人们通常用捧腹大笑来表示喜悦之情,用坐立不安来表示紧张之情。

　　手势是传情达意的一种手段,有时候,手势与语言一起使用,更能够表达人们的思想与态度。当然,手势的单独使用也很有意义。例如,激愤之时人们振臂高呼、挥动双手,无可奈何之时双手一摊,兴高采烈之时则手舞足蹈。

语调表情是人际交往中的一个重要信号。例如,人们愉快时笑声朗朗、欢声笑语,痛苦时满口呻吟,悲伤时言辞深沉而又缓慢。言语中语音的强弱、高低,语调的抑扬顿挫都能够体现说话者的不同情绪。

面部表情、身体姿势、手势语言与语调是人类所具有的非言语交际手段,但它们的功能却一点也不逊色于言语。正是由于这些"体语"的存在,才使得我们的生活变得丰富多彩、充满朝气。发声的语言确实能够使人们相互了解,无声的体语也能够表达人们的思想感情与人生态度。在很多时候,我们根本不需要运用有声的语言,只需要通过观察他人的脸色,看一看他人的手势,听一听他人的语调,便能够体会出对方的情绪与意图。

通过表情动作所传递的信息,直观性更强、形象性也更加鲜明,使人们对周围环境和事件的认识更具有说服力与表现力,更容易被他人理解与感知。因此,情绪的信号作用具有较强的实用价值。

对青少年而言,熟悉和了解情绪的这些一般性的功能很有必要,对提高自己的社会适应能力和人际交往能力将起到非常有意义的导向作用。情绪与一个人的成长和成才都有着内在的联系,下面将从三个方面来阐述情绪在促进

青少年成才方面的功能。

第一,合理控制情绪有助于提高学习效率。现代的科学研究表明,认识过程是产生情感的前提与基础,对事物没有一定的认识与了解,就不可能产生相应的情感与情绪。与此同时,情绪也对认识过程有一定的制约作用,适当的、合理的情绪对认识过程,也对学习过程起到重要的推动作用与调节作用。例如,情绪能够影响感觉与知觉的选择性,喜欢天空的人对绿色的事物容易产生知觉。适度的情绪兴奋性对促进记忆的效果、提高解决问题的准确性都会起到重要的作用。当然,不良的情绪也能够让人们的记忆变得不够牢固,知觉范围变得十分狭窄,思维活动变得呆板。也就是说,不良的情绪使人们的认识过程变得十分闭塞,没有灵气。

情绪到底与学习效率之间呈现一种什么样的关系,一直是心理学界研究的一个重要课题。就目前的研究成果来看,焦虑的程度与学习的成绩主要存在这些关系:

(1)适中的焦虑、适度的情绪兴奋性能够使人产生较高的学习效率。

(2)人们在从事简单的学习任务时,情绪的压力能够提高学习效率;人们在从事复杂的学习任务时,情绪上的压力则会降低学习效率。

（3）情绪比较稳定、不容易过分激动的学生在焦虑的压力之下能够提高学习效率，情绪不太稳定、容易激动的学生在焦虑的压力之下则会降低学习效率。

以前，有很多人认为，只要身心完全放松，什么事也别去想，也千万别紧张，就能够最大限度地发挥自己的聪明才智，获得最佳的学习效果。现在看来，这是一种片面的认识。当然，如果过于焦虑，也不能提高学习效率。

第二，热情能够促进人的发展。积极健康的激情在人的成长历程中，尤其在作家、运动员以及英雄人物的成长过程中起到了不可替代的作用。在革命的战争年代，刘胡兰、董存瑞、黄继光，凭着对国家、对人民的巨大热情，将生死置之度外，这是何等的可歌可泣！

人处于积极健康的激情下，在冷静的理智与坚强的意志调控之下，完全能够调动自身内在的巨大潜力，不畏艰难险阻，攻克重重难关。在当前的社会主义建设的征途之上，许多人敢于冲破陈旧观念的束缚，坚持改革，不怕风险，为社会发展做出了巨大的贡献。因而发挥积极激情的作用，有效地控制消极激情的不利影响是青少年实现理想的基石之一。

热情是一种坚强有力、稳定而且深刻的情绪状态，热情对人们所从事的活动有一种巨大的推动力。

第二章 情绪的作用

列宁说过:"没有人的感情,就从来没有也不可能有对于真理的追求。"

对事业的热爱、对工作的迷恋、对学习的陶醉,都是人们发展创造力、追求真理的必要条件。古今中外,人之所以能够成功的一个基本心理条件就是对事业的迷恋。

第三,合理控制情绪有助于促进人的身心健康。医学心理学的研究与临床实践已经证明,情绪是一种致病因素。假如一个人长期受到情绪的困扰,就会导致焦虑、紧张、压抑和忧伤,就会在很长的一段时间里,惶惶不安,从而使自己适应环境的能力不断降低。而对环境的适应不良反过来又会进一步加重自身已经存在的紧张不安与焦虑、忧伤。长此以往,植物性神经系统的功能就会发生紊乱,人体对疾病的免疫力也随之降低,对某些心身性疾病的免疫力也随之降低,一些疾病也就紧跟其后。例如,胃溃疡、高血压与偏头痛在心身性疾病之中是比较常见的一些类型。尤其是青少年学生,身体发育不太成熟,心理发展也不太成熟,有的还相当脆弱,对挫折的承受能力不强,更容易患上心身性疾病。我国中医领域中的一些说法也说明了心理与生理之间的相互影响:发怒发火容易伤及肝脏,深沉愁思容易伤及脾脏,忧伤悲痛容易伤及脏部,恐惧惊慌容易伤及肾脏。

与此相反,乐观的情绪、积极的心态对人们战胜疾病有着很强的帮助作用。这样的事例无论是在医学的临床实践中,还是在人们的日常生活中,都是屡见不鲜的。大家都知道,笑能够起到体操锻炼的作用,笑这种良好的情绪反应,不仅能使肺部扩张,促进全身的血液循环,而且能够驱散我们心中的郁闷之情,消除神经上的紧张,使我们的心情变得更加舒畅,胸怀变得更加宽广。

因此,我们完全能够肯定地认为:消极的情绪可以致病,积极的情绪可以治病。

第二章 情绪的作用

重点透视

不良情绪的危害

积极的情绪能够使人精神振奋、斗志昂扬、容光焕发、心顺气畅。

消极的情绪则会使人们精神低落、意志消沉、满面愁容、心阻气滞,不仅使人们的心理受到伤害,还会危及身体健康。

一般来说,消极情绪所带来的危害主要表现在以下几个方面。

一、心理功能下降

这里所说的心理功能主要指的是人们的认知过程。现代情绪心理学认为,情绪的产生由三个条件所制约:环境条件,也就是刺激因素;生理条件,也就是生理因素;认知条件,也就是认知因素。

情绪产生之后,又会反过来对这三个条件产生一定的影响,消极的情绪对认知过程的影响尤其明显。

情绪过于激昂的人往往过于自信,认为自己的能力无所不达,自我意识非常强烈、偏执,并且以自我的虚假承诺为前提,低估面前所堆放着的一切困难,这其实也是一种自大情绪。自大情绪的存在往往会产生十分严重的后果,自己不知道自己是谁,自己无法看清自我的本来面目,从本质上讲是一种自我欺骗。

情绪过于抑郁、一蹶不振的人往往过于自卑,自己的面前仿佛有一条永远也无法跨越的鸿沟,总认为自己的能力比别人差,进而怀疑自己本来十分真实的能力水平,这其实是一种自卑情绪。自卑情绪的存在也同样会使一个人无法看清自己的真实面貌,使自己迷失在人海之中,总也找不到阳光照射的方向。

自卑者通常总是去压抑自己的情绪,而对情绪的过分压抑,必然要消耗大量的能量,而且这完全是一种得不偿失的内耗,自己把自己搞得精疲力竭。过分自信的人往往也以自卑作为结局,最终面临的是情绪压抑的痛苦。

情绪的长期压抑,必然会造成心理功能的下降,造成认知过程的失调。例如,感觉的阈限也许会变得狭小,造成人的反应十分敏感,或者相反,感觉阈限扩大,造成人的反应十分迟钝;注意的集中性也许会扩散,注意的能力也许会降得很低;记忆的能力也会变得减弱起来,记忆的准确性与选择性也会随之降低;思维的能力会变得迟钝起来;社会环境的适应能力与人际关系的协调能力也会变得十分脆弱。

二、性格上出现不良的倾向

消极情绪有时是一个十分危险的东西,长期存在会使人们的性格表现出不良的倾向,尤其对那些性格上本来就有缺陷的青少年来说,更是雪上加霜。消极情绪通常会加重以下几种性格的不良化倾向:

1.暴躁

情绪不稳、容易感情用事的人会变得越来越暴躁。也许听到一句不顺耳的话就会火冒三丈,甚至还会因为一件微不足道的小事而与别人唇枪舌剑、拳脚相加。

2.抑郁

情绪低沉、容易多愁善感的人会变得越来越不快乐。抑郁性格之人在情绪上的波动性也较大,一点细小的缺点或者过失都会给他带来无穷无尽的懊悔。这种人看上去精神萎靡、神情冷淡,总喜欢自怨自艾。

3.孤僻

情绪长期受到压抑的人通常会变得十分孤僻。痛苦时,不愿去宣泄;高兴时,也不愿去显露。对周围的人总带有一种戒备、鄙视的心理。这种人的猜疑心很重,总喜欢独来独往。孤僻主要是由情绪未能得到健康地释放而造成的不良性格。

4.敌对

敌对本身也是一种消极的情绪。敌对是人们遭遇挫折并且引起强烈不满时所表现出来的一种反抗态度。有敌对情绪的学生,往往会把别人的一片好心当成恶意,把教师与同学的批评看成是对自己的伤害。因此,对周围的一切都表现出一种不满的情绪。

三、生理功能出现紊乱

有人在消极情绪产生之后,老是让这种不良的、不健康的情绪郁积在心头,仿佛给春天的大地铺满一层冰冷的霜。其实,这种情绪只会让人难受,为什么要像珍惜宝贝一样藏在内心深处呢?又有什么放不开、丢不下的呢?许多人很会掩饰,表面上装着若无其事的样子,使别人很难觉察出他内心的反应,但是,内部的生理变化并不会因为外部的矫饰而停止变化。由于郁压在心头的不良情绪长期得不到健康的宣泄,内心的情绪体验就会变得更加强烈。

现代情绪生理学早已证明,情绪过程不同于其他的心理过程,因为情绪总伴随着一系列的生理变化。例如,呼吸系统、皮肤电反应、脑电反应、血液循环系统和内、外腺体的

第二章 情绪的作用

变化等。不良的消极情绪自然会引起这些系统的不良变化。

突然受到惊吓之时,人的呼吸暂时中断;狂喜或者极度悲痛之时,呼吸会发生痉挛现象。

人在狂怒以及紧张焦虑的情绪状态之下,心率会加快,血管的舒张与收缩的频率会加大,血压会升高,血糖有时也有所增加。

正常情况下,人们处在清醒、安静与闭目养神的状态中,脑电波呈现频率为每秒钟 8 到 14 次的常态;当人们处于紧张、焦虑的状态时,就会出现高频率、低振幅的波形,频率可达到每秒钟 14 到 30 次。

在恐惧、紧张、焦虑的状态之下,交感神经系统比较活跃,皮肤血管很快收缩起来,汗腺活动加强。

人在焦急恐惧或极其激动之时,唾液腺、消化腺的活动与肠胃的蠕动会受到抑制,因而使人感到口渴、食欲减退或者出现消化不良以及脱水的现象。

此外,焦虑不安的人,其血液中肾上腺素也会增多。

如此看来,消极的情绪对人们的身心健康是极为不利的。研究表明,情绪长期出现不良现象的人容易患上偏头痛、胃溃疡、高血压等病症。

学会控制自己的情绪

相关链接

一位落榜生的心路

失落荒凉的一片秋，更有几多愁。

泪眼遥望星空月，金榜无名自垂头。飞驰的列车载走了繁花似锦的春天，载走了如诗如画的夏夜。旷野里我孤独的身影在寂寞的秋风中伫立，期盼的眼神在冷清的世界里徘徊，飘零的落叶敲打着我颤抖的心坎。

偶然间抬了抬头，我惊奇地发现，一颗流星正好在天际划过，那也许就是卖火柴的小女孩曾经见过的吧？我不禁想到了白云，难道我的命运也会和那个小女孩一样？不！霎时，我彻底清醒了，大声喊道："我不要那样的命运，既然那颗流星都能够在它生命的最后一刻，用自己的最后一丝光、一点热来回报赋予它生命的宇宙，难道我们作为万物之灵的人就不能吗？黑夜的尽头是什么？黎明！对，一定是生机勃勃的黎明和无限明媚的阳光。我要像张海迪姐姐那样用微笑来面对世界，创造属于自己的生命。"失败乃成功之母，失败就是成功的起点，只要自己有信心、有毅力，就一定会成功，一定会实现自己的理

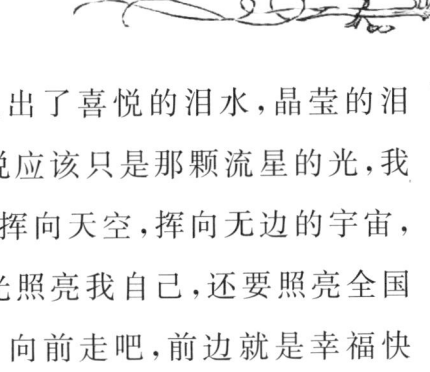

想。我禁不住为这种想法流出了喜悦的泪水,晶莹的泪珠映照着点点星光,确切地说应该只是那颗流星的光,我把那滴充满希望的泪水用力挥向天空,挥向无边的宇宙,愿它也能像那流星一样,不光照亮我自己,还要照亮全国每一名落榜中学生的心窗。向前走吧,前边就是幸福快乐的人群,多姿多彩的世界!

找出你的负面情绪因素。

回想一下,在什么情形下你会生气,觉得受到伤害,失去创造愿望和能力,不愿去主动关心别人?你会发现,你有许多担忧,你老是在为自己编织借口。

仔细思考下列问题,有助于你认识自己经常面临的负面情绪,从而更好地对其进行调适。

- 除了……以外,大致上我觉得自己还不错。
- 除了……以外,我对自己的身体和外表感到骄傲。
- 除了……以外,我尽量避免发脾气。
- 除了……以外,通常我的性情都很不错。
- 除了……以外,我绝不受别人的威胁。
- 除了……以外,我觉得自己很好相处。
- 除了……以外,我的判断力都是一流的。
- 只要……我的婚姻或爱情生活就会更圆满。
- 只要……我就会更成功。

学会控制自己的情绪

- 只要……我就会更喜欢我的家庭生活。
- 只要……我就会把生活的脚步放缓,不再刻意钻营名利。
- 只要……我就能更积极地和人们交往。
- 只要……我就会成为一个非常快乐的人。
- 只要……我就会觉得更有意义,目标更坚定。

这些省略号所包含的负面情绪,并非神秘之物,归纳一下,可分为三种类型:

(1)对自我形象的怀疑。这类人对自己的形象极不满意,表现为对自己身体条件的苛刻要求,他们不能够在心中为自己认同一个合适的自我形象。

(2)莫名的担忧。这类人对自己缺乏信心,老是害怕自己一不小心,就暴露自己的弱点,从而招来伤害,因为不能积极地去克服弱点,自然被弱点束缚起来。

(3)无法忍受别人的批评。这类人为了避免遭到别人的指责,老是想讨好人,对别人的正确建议也不能接受,却又期望别人了解自己。

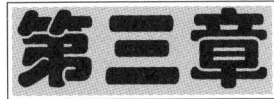

情绪困扰的调适

QING XU KUN RAO DE DIAO SHI

第三章　情绪困扰的调适

　　情绪的困扰就像吃饭睡觉一样平常,人们经常是毫无觉察地就被卷入情绪的困扰之中,而且往往挥之不去,越想摆脱,它与你反而贴得越近。

　　有许多人心想,只要远离人世的纷纷扰扰,就一定能够自由自在。这是不切实际的空想。

　　其实,完全没有必要为自己设定一套摆脱世间烦恼的"出世线路"。无数的事例证实,你永远也不要设想那一个世外桃源是为你而准备的,就像孙悟空再有能耐也逃不出如来佛的手掌心一样,你只能生活在尘世之中。

　　情绪的困扰令人生厌,但这是谁也无法回避的现实。重要的是我们如何面对这些困扰,并且寻找合适的、合理的方法去调节自己的情绪。

情绪困扰的内容

　　自古以来,人本身最具有讽刺意义的弱点就是不能够真实地衡量自己。"不识庐山真面目,只缘身在此山中"。

众所周知,青少年时期是人生的黄金年华,本来应当是星光铺满天、鲜花开满山的感觉。但是,许许多多的青少年却未必能够真正地感受生活的美好、幸福和愉快,反倒是没完没了的,甚至是无缘无故的忧伤、不安。具体来说,青少年的情绪困扰主要表现在以下三个方面。

一、情绪易于波动的两极性使他们烦躁不安

巨大的、陡然的,有时是毫无戒备的情绪反差使他们对自己产生了莫名其妙的感觉,伴之而来的情境有三种:

1.孤独与寂寞

青少年既喜欢团体生活、崇尚团队精神,又喜欢独自深思、追求个人特色。一般来说,青少年身边朋友的数量随着年龄的增长而逐渐减少,慢慢地,他们就走向了闭锁自省、内心自白和独自探索的道路,并且在这条道路上要东张西望很长一段时间。

2.忧虑与不安

对现在尚不能做出决定的事情常常给人们带来一定的压力,这种压力又会使人产生担心,担心不久的将来或许会产生不愉快的结果,这就是不安。一个人处于忧虑不安状态时,通常还会伴随有幻想与想象,有时还带有一定的恐惧

情绪。一般来说,夜间的梦境与白日的遐想都是宣泄和寄托忧虑不安的方式。

3.苦闷与忧郁

现代社会中,青少年日益增长的独立性倾向与家庭、学校管教方式的冲突是引起青少年苦闷的一个重要原因。翅膀还没有完全长硬的青少年总试图去飞翔,试图自己去支起一片蓝天。单飞的欲望与父母、老师的严厉管教必然会发生一定的摩擦,使青少年处于一种苦闷的境地之中。忧郁则大多来自各种各样的挫折。有些看起来原本无关紧要的挫折在青少年的眼里,却变成了一种沉重的负担,使他们陷入自我责难、自我徘徊的阴影之中。忧郁是一种非常有害的情绪体验,青少年一定要注意克服。

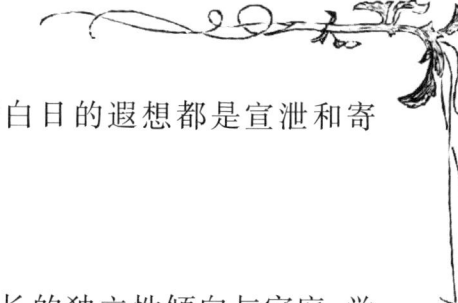

二、否定性情绪的存在使他们感到困惑

肯定性情绪的存在肯定有助于人格的健全发展,否定性情绪虽然并不一定会给人格的健康发展带来极大的伤害,但肯定会给人们的心理带来一定的负面影响。尤其对青少年而言,由于他们还不太了解情绪反应的许多内在机制,因而,常常对否定性情绪充满了困惑,这种情绪上的困扰也有损于人的身心健康。

其实，无论是哪一类情绪，只要能够正常地做出反应，都是人们适应环境并且获得不断发展所必备的一种能力。例如，当人们感到紧张时，伴随着心跳加快、血压上升，肝脏中储存的糖分重新回到血液之中，血糖的含量就会增高。血液将这种营养大量输进大脑与肌肉，体力就会增强，人体的反应能力也会得以提高。

有人说，不知道忧伤，就不会对别人的痛苦产生同情之心；不知道沉默，就体会不到庄严的氛围；不知道烦恼，就体验不到深沉。这多多少少也能够反映出否定性情绪的作用。否定性情绪既让人们的情感世界变得丰富多彩，也能够反衬出肯定性情绪的深度。

当然，对大多数青少年来讲，否定性情绪是情绪困扰的一个重要组成部分。

1. 紧张

紧张是缺乏勇气与胆小害怕的一种表现。人在大多数情况下，都有一种轻松自然的感觉，一旦意识到有某种危险的、威胁性的情况快要出现之时，人们就会感到紧张。

紧张时常使人们感到心理压力的存在，使人们很难镇定自若地对付眼前的局面。

但是，只要正确地认识到紧张的合理性，紧张对人们的

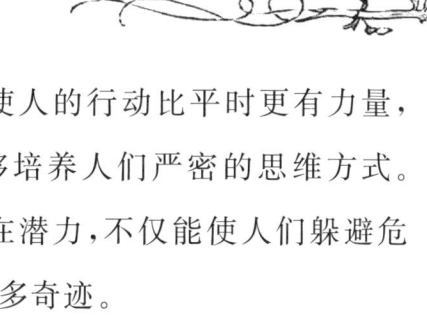

行动反倒有促进作用。紧张使人的行动比平时更有力量,使人的反应更加敏捷,也能够培养人们严密的思维方式。有时还能够进一步地激发内在潜力,不仅能使人们躲避危险,还能够帮助人们去创造许多奇迹。

2. 内疚

内疚之情是一种自我反省、自我检查与自我谴责的体验,内疚通常与一个人的道德良心紧密联系在一起。

青少年朋友的内疚之情时常伴随着后悔之意。例如,与自己的同桌开了一句过火的玩笑,让他感到尴尬,自己则十分懊悔;答应给自己的一位朋友借一本好书,结果由于多种原因未能借到,自己便有些内疚。在许多情况下,也许只是稍稍地损害了他人的利益与情感,也许不是自己的原因而未能履行一定的权利与义务,青少年学生都会产生一定的内疚之情。

内疚是一种十分重要的情绪体验,它能够帮助人们正确地进行自我反省。但是,不可以长期压抑于心间,而应当正确地认识内疚的作用,千万不可以总吃"后悔药"。

3. 愤怒

人为什么会产生愤怒之情?这值得琢磨。一般来说,愤怒并不是由于感到不安全、不稳定、不顺利,而是由于自

己的自尊心和人格受到了羞辱和挑衅。

不可以动不动就愤怒,那是没有教养的一种表现。为了正义,为了真善美,对假恶丑表示愤怒则是很应该提倡的。

4. 悲伤

烟雨凄迷的时节,秋声格外让人悲。

悲伤之时,人体的机能会出现收缩现象,这是一种和缓的收缩,与恐惧之时强烈的收缩有所不同,长时期的悲伤不利于人体的身心健康。

5. 腼腆

通俗地讲,腼腆就是害羞。

青少年虽然还没有完全走上社会,但他们对腼腆的体验却毫不逊色。在讲演会上发言、与陌生人谈话、参加一个会议、主持一项班级工作,都会使他们感到害羞。

三、情绪障碍的出现使他们深感难受

一般来说,情绪障碍通常表现为三种情况:其一是情绪的强烈反应,超出了身体器官所能承受的强度;其二是长期压抑情绪,不让情绪通过合理的途径宣泄出来,造成抑郁性障碍;其三是全凭感情用事,用情绪来左右自己的行动,有

第三章 情绪困扰的调适

时候还错误地胡乱释放情绪。

狂喜、狂怒、极度恐惧等就属于过分强烈的情绪反应。过分强烈的情绪通常带有小题大做、借题发挥的味道,有时是人们对外界客观刺激产生错误判断的结果。过于强烈的情绪反应对人的身心都会产生一定的危害。例如,中医上所讲的怒伤肝、恐伤肾、忧伤脾,指的就是过度猛烈的喜怒哀乐会超过身体器官的承受能力,从而导致身体病变。狂怒是一种极其恶劣的情绪,会使一个人丧失理智。人处于狂怒的状态之中,会产生一种破坏性的欲望,这种破坏具有扩散性,无论是有价值的物品还是无价值的东西,都会遭到破坏。狂怒通常伴随着清醒之后的无尽悔意。

过分紧张也会破坏人们正常的环境适应能力与反应能力。过分紧张时,人往往变得胆战心惊、六神无主、不知所措。例如,本来背得滚瓜烂熟的诗词,到了讲台上却张口结舌;本来练习了千百遍的数学公式,到了考试时却忘得一干二净。此时的紧张已经超过了正常限度,破坏了人们的行为反应能力。

对任何事物的过分厌烦同样会对人们正常的行为反应、环境适应能力造成障碍。过分厌烦的人往往对一切事物都没有兴趣,既讨厌周围的环境,也讨厌学习,还讨厌自

己。长此以往,就会自动放弃个人的一切努力,自暴自弃,在百无聊赖的氛围之中虚度年华。

这些都属于情绪的过分暴露与宣泄造成的不良反应。有人正好与此相反,根本就什么也不暴露,什么也不去宣泄,任凭恶劣的情绪在自己的内心翻江倒海,宁愿痛苦也不愿表露出来,这种状况容易导致抑郁性情绪障碍。

抑郁性情绪障碍在青少年中非常普遍,这与他们的闭锁心理有关,心理上的闭锁性很容易让他们滑入抑郁的泥沼之中而不能自拔。

至于全凭感情用事的情绪障碍,也同样困扰着青少年的学习与生活。例如,有的青少年今天高兴,就学习;明天由于受了点委屈不大痛快,就不学习,哪怕马上要考试也不管不顾。有的书中将这种人称为性情中人。我们在生活中,不可能做到一帆风顺,整天都是艳阳天。如果感到高兴就有兴趣去学习、去处理事务,感到不高兴就一切拉倒,那是十分糟糕的事情。往往在这种时候,正是考验一个人意志力与自制力的时期。

面对如此形形色色的情绪困扰,青少年应当如何预防和调适呢?下面将有针对性地加以阐述。

第三章 情绪困扰的调适

培养积极的情绪

积极的情绪是我们生命中的快乐交响曲,它是人们体验幸福人生不可或缺的组成部分。

一、享受快乐

一位名人这么说过:成功是 98% 的汗水加 2% 的天才,而乐观是使你坚持下去的动力。

快乐能够使人更加自信、更加自强、更加自立,也能够使人更加富有活力、更有朝气、更容易被别人接近并且接受。快乐与人们的需要(也就是欲望)唇齿相依,一般来说,需要被满足以后,人们就会产生快乐的感受,需要未被满足,人们就会产生痛苦之情。

青少年应当如何更好地让自己快乐起来呢?

其一,积极地进行自我暗示。换句话说,就是相信自己肯定能够快乐起来,即使遇到了烦恼与挫折,也不要轻易放弃这种积极的自我暗示,并且让这种暗示深深地珍藏在自己的潜意识之中，使其能够随时随地自动地发挥功能。一个总是相信自己能够快乐起来的人是一个精神健康、乐观向上、积极主动的人。

快乐确实是个诱人的东西，而积极的自我暗示能够成为诱发快乐的生命之源，使快乐的精神根植在我们的思想之中。

其二，将理想转化为经过努力便可达到的具体目标。人为什么有时候会感到失落、感到不愉快呢？就是由于自己的目的没有实现，没有得到自己想要的东西，没有达到自己预期的目标。

青少年不能没有理想，就好像汽车不能没有方向盘一样。理想是一种方向，一种指引人们努力进取、不断开拓的方向，倘若没有理想，人生就没有了指示灯，就好像船只找不到航标。有了理想，人们的各种活动才具有了内在的动力，学习才更加有的放矢。

但是，由于理想在目前是难以实现的一个大目标，因而，很可能让人们产生不太现实的感受。为了使理想的指导性更加鲜明地体现在日常生活之中，青少年一定要把理想转化为各种切实可行的小目标，这些目标是经过努力就可以达到的具体任务。这样一来，既能够丰富和充实自

的生活,使自己有事可做,还能够完成在各种具体任务、克服各种困难的过程中体验到快乐的魅力。

快乐的内在本质在于奉献与发现,而不是等待和索取。尽快地投入自己的生活与学习之中,将一个个具体的小目标作为自己目前奋斗的动力,才能够体会到快乐的生命力。

其三,将自己内心中愉快的感受表现出来。表现自己的快乐是一件赏心悦目的事,不仅能够使自己显得更加轻松,还能够营造一个美好和谐的交往氛围。

有人喜欢独自享受自己的快乐,不愿意让别人来一起分享,那实在是不懂得生活的艺术。表现自己内心的喜悦之情,那是十分富有生活情趣的一种暴露,暴露出自身的真情实感,该多么令人感激。常听有人说,你快乐,所以我快乐。虽然这在逻辑上或许显得有些不合理,但确实也反映出人们对快乐的期盼之情。主动表现自己的快乐,正好能够满足人们的期望。当然,表现快乐要选择合适的方式,不可以狂喜狂叫地吆喝着自己的快乐,比较好的方式是面带笑容对待每一个人、对待生活中发生的每一件事,必须是发自内心的笑容。

表现快乐更不是卖弄与炫耀,不要以为自己实现了一个预定的小目标,取得了一个小小的成功,就不同凡响了。

学会控制自己的情绪

炫耀表现出的快乐只是一种轻浮的东西,不仅没有分量,而且会大打折扣,别人还不一定买账呢!

其四,适当地搞一下自我奖励。自我奖励是一项很有意义的举动。自我奖励是一种积极的自我肯定,是自己对自己付出的努力在情感上、精神上、物质上的全面认可,那真是一种其乐融融的感受。有了这种感受,你绝对会把快乐视为生命的宝典。

借助自我奖励所体味到的快乐不是沾沾自喜,沾沾自喜是自傲、自大的一种表现,自我奖励则是建立在务实基础上的自我认同,这种认同有其存在的基础与价值。

自我奖励的方式多种多样,青少年完全能够放开心思尽情地加以选择。例如,背完了200个单词,你可以奖励自己去看一部革命影片;期中考试获得了全年级第三的成绩,你可以奖励自己周末到公园去游玩一趟。

其五,将自己置身于有上进心、乐观的人群之中。与有上进心的朋友一起交流思想体会、探讨人生问题,是非常愉快的事情。有上进心的人通常会给你带来许多建设性的建议,会为你的奋斗提供一种榜样的力量,使你更加清晰地知道时间的宝贵。

与乐观的人一起生活,他们爽朗乐观的性格会成为一

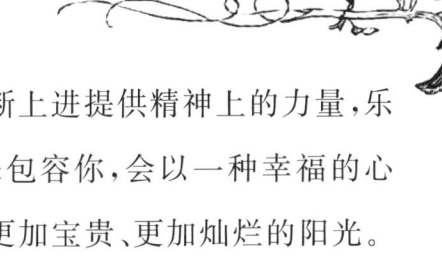

种健康的外部环境,为你的不断上进提供精神上的力量,乐观的人会以一种大度的胸怀来包容你,会以一种幸福的心境来感染你,使你的生活拥有更加宝贵、更加灿烂的阳光。

假如你终日与情绪低落的人生活在一起,你一定会慢慢感到自己变得多愁善感起来,斗志也会一天天消沉下去。时间一长,自己也说不定会变成一个庸庸碌碌的人。

二、托起希望

希望是一种向往明天、憧憬未来的情绪体验。

托起希望意味着正在一步步走向成功。

有人说,青少年没有显赫的地位,没有沉甸甸的财富,也没有很高的荣誉。然而,我们要说,青少年拥有人类最有潜力的字眼——希望。

鲁迅先生说过,希望是本无所谓有,无所谓无的,这正如地上的路,地上本没有路,走的人多了,也便成了路。

希望能够激励我们去超越一切困境、战胜一切困难,希望也能够引导我们去展现自己的风采。

青少年应当如何更好地托起希望呢?

其一,大胆做一回"白日梦"。这里的"白日梦"是指对未来的一种美好期待,虽然目前尚且不能实现,但它能够为

自己的明天进行一番像模像样的规划与设计。"白日梦"有许多好处:"白日梦"能起到心理暗示的作用;"白日梦"可以给人们带来精神上的松弛;"白日梦"能为人们提供前进的动力;"白日梦"还可以消除人们一些心理上的疲劳;"白日梦"也可以激发人们的创造力。

其二,想象你自己的成就。想象自己的成功有两层含义:一种是想象自己已经获得过的成就,或许那只是自己在一次考试中名列前茅、在一次讲演中获得过荣誉奖、在一次歌唱比赛中进入了前四名、在一次科技活动周中获得了校长的点名表扬。这些也许还算不得是什么成就,但你也一定要加以想象,从而增强自己的信心。另一种是想象自己未来的成就,这些成就也许还比较遥远,也许你一辈子都不可能实现,但你也一定要想象。例如,想象自己的发明成果在比利时布鲁塞尔博览会上获得铜奖,想象自己成立了以自己名字来命名的文化公司。

也许这些想象难以接近,但却一定都是我们的希望。

其三,找一些具体的事情来做。做这些事情一来是为了放松自己紧张的心情;二来也是为了证实希望存在的可能性与现实性。

(1)给自己买一个小礼物,并且在上面题写几句充满希

望的话语,此话语既是一种祝福,更是对自己的一种期待。

(2)尝试一种崭新的运动,这种运动是自己从前所未曾练习过的,而且又比较符合自己的生活习性与身体特点。

(3)听几首你比较喜欢的老歌,重温昔日美好的时光。

(4)在月光下背几首唐诗。

(5)有意打开窗户,让春天的阳光照射到你的书桌之上。

三、运用幽默

幽默是智慧、灵感与爱心在语言运用中的结晶,是一种良好修养的标志。具有幽默感的人都具有十分宽广的心胸、十分亲切的性格和反应灵敏的聪慧。大多数人都愿意与富有幽默感的人交往。幽默常常能够在不愉快,甚至是困窘的情境之中调节气氛,使人们获得愉快的感受,因而幽默是一种乐观的情绪,更是一种肯定性的、积极的情绪。

幽默还是一种为人处世的能力。在普通人的眼中,理应是平平淡淡的场景与话语,在幽默者看来,其中包含有许多耐人寻味的思想,这确实需要具有超乎寻常的洞察力,越能够在人们意想不到的地方寻找出幽默的因素,就越发具有幽默的效果。

在人际交往的过程中,难免会出现各种各样难堪的局面,有时甚至会发生矛盾,缺少幽默感的人只会把事情弄得越来越糟糕,把场面弄得越来越被动。幽默者却能够让被动的局面变得轻松而且自然。幽默所带来的笑可以缓解人们紧张的情绪,可以打破人与人之间尴尬的局面。

幽默不是取笑或者单纯地逗乐,真正富有幽默感的人从来都不会去嘲笑弱者、讥笑他人,更不会嘲笑那些遭遇重大挫折的人。

做任何事情都存在一个"度"的问题,幽默也是如此。在不同的场合、对待不同的对象都必须要考虑是否能够运用幽默,以及在什么时候运用它。同样是一个善意的玩笑,你可以在张三的面前使用,却不可以在李四的面前使用;同样是一个幽默的话题,你可以在家庭中谈论,却不可以在教室中提起。特别在面对陌生人或者刚刚相识的人,一定要注意幽默的分量。假如在运用幽默时不注意这些细节,很容易让别人认为你是在故意卖弄小聪明。在很多时候,过了火的幽默或者不合时宜的幽默,效果会适得其反。

四、驾驭痛苦

痛苦令人忧心,但是,驾驭得住痛苦,才可以提高斗志,

第三章 情绪困扰的调适

一往无前。

痛苦完全是可以被战胜的,它的局限性与流动性注定它是可以驾驭的。

驾驭痛苦是对一个人意志力的坚强考验。

驾驭痛苦也就能够拥有一种健康的情绪。

驾驭痛苦是对一个人人格力量的检验。

要控制痛苦,就得采取积极的行动。

其一,尽量摆脱痛苦。寻找一种善意的慰藉来驱赶心头的忧伤,转移自己的注意力,向往一种阳光灿烂的乐园。要学会耐心地等待,用时间去消散痛苦的困扰。

其二,巧妙引导痛苦。引导痛苦离开是一种艺术,需要健康的动机。让痛苦激起自己上进的潜能,让痛苦在你的引导之下转化为一阵和风、一缕阳光,去温暖自己久冷的心田。只要引导适当,痛苦就是一种力量、一种财富。

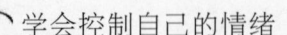

拒绝抑郁

抑郁是一种消极情绪,通常表现为苦闷伤感、郁郁寡欢、闷闷不乐、忧愁不安。

人这一生,苦乐酸甜,挫折与忧伤在所难免。诸如生老病死、悲欢离合、挫折坎坷都会如同阴云愁雾一样向我们袭来,这其实是人之常情。然而,如果任其发展,长期不能够消除抑郁情绪,就会积郁成疾,造成心理障碍,形成"抑郁症"。

抑郁症患者的主要表现如下:思想迟钝、思路不畅、烦躁不安、愁闷多虑、呕吐恶心、多梦失眠、体力下降、心灰意冷,最为明显的是情绪低落。

多年以来,拒绝抑郁一直是人们的美好愿望。谁也不想终日生活在郁郁不乐的冰冷世界之中。

一、学会达观

人生之逆境十之八九。没有一种达观的精神,你很难得到快乐的钟情。也就是说,你不愉快,快乐就不会喜欢

第三章　情绪困扰的调适

你。从哲学上讲,达观就是要懂得社会与人生之间相互作用、相互变化的辩证关系。通俗地讲,达观就是讲道理、看得开、心胸大度、处世乐观。一个达观的人是一个具有高级情趣的人。达观者站得高、看得远。达观者不会因为获得了小利而沾沾自喜,也不会因为遇到了困难、损失了钱财而心灰意冷。

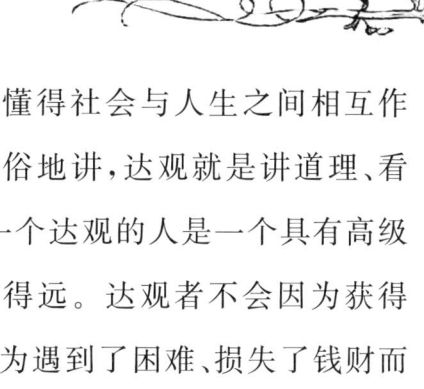

古人云:塞翁失马,焉知非福。顺境与逆境,成功与失败之间都存在着一种辩证关系,二者是可以互相转化的。遇到逆境时,只要心中有希望,斗志不低落,顺境就会在不远处等着你。冬天已经到来,春天还会远吗?

生活的哲理告诉我们,保持一种乐观主义精神是人们获得成功的基本前提,否则一点挫折就会将你的精神世界击得七零八落。

乐观的人往往是性格开朗的人,无论遇到什么样的狂涛惊澜,都能够拿得起、放得下,即使有抑郁、不愉快的感觉,那也只是暂时的感受,很快就能够重新振作起来。

性格抑郁、情绪低落的人遇到不顺心的事,总是耿耿于怀、闷闷不乐,即使处于顺利的情境之中,也是心事重重,有时还会疑神疑鬼、无事生非。

学会达观是拒绝抑郁的第一步,是转变抑郁心境的前奏和基础。

二、正确认识你自己

人为什么会抑郁，归根结底，还是因为不能正确认识自己。

对自己评价过高的人通常过分自信、自傲和自大，一旦遇到挫折，情绪就会急转直下，变得十分低落。对自己评价过低的人通常过分自卑、自贬，总以为自己什么都不行、什么都比不了他人，长期的自我否定必然会导致抑郁心理的出现。

要客观地评价自己的相貌。不要因为自己的眼睛太小、皮肤太黑、体型不雅、牙齿不白就自卑。人的心灵才是世界上最美丽的花朵，只有心地善良、品德高尚的人才活得有意义。

要愉快地接纳自己。君子坦荡荡，小人长戚戚。人对自己的认识并不只是一种思想上的剖析，它还带有一定的情感态度。也就是说，人对自己进行评价的同时，还带有满意或者不满意的情绪体验。要正确地认识自己，必须要有一种自我接纳的态度，既要欣然地接受自己的长处与优点，又要坦然地承认自己的不足与缺点。千万不能够搞什么自

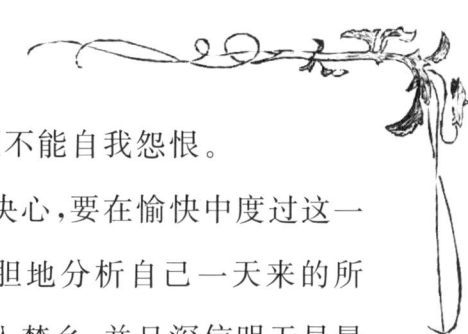

我欺骗、自我排斥与自我拒绝,更不能自我怨恨。

早晨起床后,你就应当下定决心,要在愉快中度过这一天;晚上睡觉前,你要勇敢地、大胆地分析自己一天来的所作所为,要以一种轻松的心情进入梦乡,并且深信明天早晨的空气一定会更加清新。这样一来,从早到晚,你都没有给抑郁情绪留下什么可乘之机。

你要确信失败一定会让自己变得更加清醒,把失败的教训当成夏天的一阵清风,既为你带来凉爽,更为你带来警醒。

你一定记住,你不可能赢得你身边每一个人的喜欢。阿谀奉承、小心谨慎,挖空心思地让他人喜欢你,其结果只能是失望,甚至是一种虚伪。如果你对别人在每一件事情上都言听计从,你永远也不会找到真正的自我。

要正确地认识自己,还必须要搞好自我控制。节制是一种秩序,一种对于欲望的控制,对任何事情都不要表现得过于贪婪,对待成功也是这样,太想成功的人往往摔得很重。善于控制自己的欲望其实是一种智慧。

三、建立心理防御机制

为了使你的心灵免受一次又一次的伤害,你必须要为自己建立一种心理防御机制。

1. 精神胜利法

忧愁与郁闷的产生都有其内在原因,你不妨从挖掘原因的角度来拒绝抑郁。你所寻找的原因一定是对自己有利的原因,即使找不着,也要寻找一种合理化的借口让自己快乐起来。

自我精神上的胜利会为你的生活增添新鲜的养分,使你在感悟生命之时,又多了一份惊喜。自我精神胜利法对抑郁者而言,疗效一般都十分显著。

2. 释放情感

不断地压制情感不仅会导致心理上的障碍,而且会导致某些疾病的产生,甚至包括心脏病与癌症,都与情感的压抑有关。在日常生活中,随心所欲地表达情感会受到惩罚,因此,人们时常不让自己说心里话,不让自己发怒,甚至不让自己快活起来。这对抑郁者来说,简直如同在伤口撒盐一般。

假如不能在公开场合释放情感,那你只能采用游击战术机动作战了。如果你今天很不痛快,你完全有理由找一个你愿意去的地方,像一个怒气冲冲的孩子那样宣泄自己心中的郁闷,即使放声大哭,那也没有什么难堪

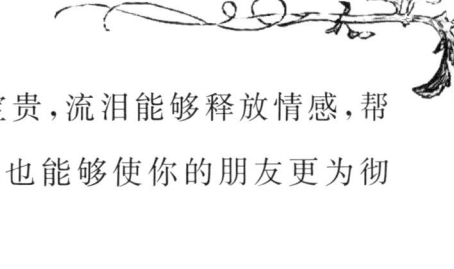

的。眼泪的珍贵一如笑容的宝贵,流泪能够释放情感,帮助我们认识自己的真情实感,也能够使你的朋友更为彻底地了解你。

当你忧郁痛苦之时,流泪是你的权利。

四、驾驭压力

压力是影响人们心理健康的最主要的因素,人们的否定性情绪,都与生活的压力有联系。大千世界,芸芸众生,大都在承受着各种各样的压力。但是,过度的心理压力往往会使人们的认知能力、情绪情感与行为能力发生消极性的改变。

过度的压力会搅乱一个人的精神世界,使其思维紊乱、情绪低落。

过度的压力会改变一个人的生活情趣,使其无精打采、心凉意寒。

过度的压力会侵蚀一个人的健康心理,使其斗志低下、心烦意乱。

压力是对人们肉体与精神承受力的一种要求。倘若人们的身心承受力能够满足这种要求,压力就会给人们带来好处,人们就会欢迎它的到来;倘若人们的身心承受力不能够满足这种要求,压力就会给人们带来伤害,人们就会讨厌它的光临。研究表明,我们是不是感受到压力并不取决于外界的多种因素,而取决于我们对这些因素所做出的反应。有时候,某种压力对这个人会带来损害与困苦,对那个人却是一种动力。当然,不管怎么说,过度的压力确实是一个不受欢迎的东西。过度压力对人们的情绪的影响表现在以下几个方面:

(1)身心的紧张感增加。人们放松肌肉的能力、体验幸福的能力受到破坏,身心的紧张感随着压力的增大呈现攀升趋势,人们摆脱烦恼、抛弃焦虑的能力大为降低,烦恼很容易就让人们的心灵受伤。

(2)表现出多疑的倾向。沉重的压力会让人们的自我怀疑水平得到提高,同时也对外界的事物产生一种不信任感,因而还容易出现幻想以示逃避。

(3)表现出悲观失望的心理。沉重的压力会使一个人原本正常的心理受悲观失望的困扰。精神上的无精打采和萎靡不振必然使人悲观失望,原本快乐、积极、愉快的心情在压力的折磨下也会变得忧伤、消极与没有希望。

(4)加重性格中业已存在的问题。很多人的性格本来就存在焦躁忧郁、充满敌意、神经过敏的不良倾向,当沉重

第三章　情绪困扰的调适

的压力袭来之时,这种业已存在的问题就会变本加厉,表现得更为严重。

面对此情此景,我们应当如何行动呢?应当采取什么样的方法来减缓我们心头的压力呢?

第一,头脑平静地实施冥想行动。选择一个适当的时间,选择一个不会轻易被打搅的房间,例如,选择你自己的卧室。在属于你自己的空间里,平躺在一个十分舒适的地方来开始自己的冥想之旅。

这时候,你需要闭上双眼,忘却外界的纷纷扰扰,忘却外界烦人的压力,用一种轻松自然的意识掠过自己的全身,并且轻而易举地放松自己的每一个也许有些紧张的肌肉群。

比如说,经过一段时间的自由联想,你已经走进了一个繁花似锦的花园。这是一个你自己亲手修剪的花园,蜜蜂在自由地飞来飞去,玫瑰散发出淡淡的雅香。

这还不够,你一定要寻找出每一个花丛、每一棵苹果树、每一朵玫瑰的确切位置,轻轻地睁开自己因为幸福而充满希望的双眼,认真地看它们的形状与颜色,而且尽量准确地体会其中的隐秘与默契。

你作为一位快乐的旅游者,也可以暂时离开这春意盎

然的场景,来到一个海滩。

海水在阳光的普照下熠熠生辉,温和的沙滩平滑如镜。大海虽然有时波涛汹涌,却一点也不贪婪,为你,为我,留下了令人神往的沙滩,这多像我们自己为他人留下的那片充满遐想的空间。

你再也不用为了生活而奔波。

你再也不用为了压力而愤怒。

这里只有宁静的过去与现在。

这里只有祥和的心灵。

然而,想象毕竟是意念中的事,你终归要面对现实。在你的畅游行将结束之时,你完全没有必要十分唐突地回到现实中来,你一定要躺一会儿,让方才的美好景象缓缓地消逝,然后你慢慢地做好思想上的准备,睁开双眼,面对眼前的一切。

第二,以实际的行动来摆脱压力。体育锻炼是减轻压力的一种行之有效的方式。它能够释放由于紧张而积压在体内的能量,有助于人们把自己的头脑转到其他的事情上,从而忘掉那纠结在一起的压抑与失意。

调节人际关系是你必须加以重视的又一项实际行动。人的本质是一切社会关系的总和。人际关系常常成为困扰

第三章　情绪困扰的调适

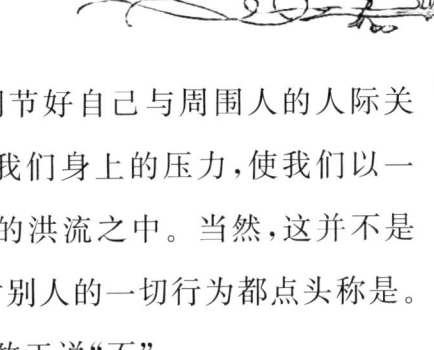

我们情绪的一个重要因素，调节好自己与周围人的人际关系，和谐相处，能够大大减轻我们身上的压力，使我们以一种更加轻松的心情投入生活的洪流之中。当然，这并不是要求你去充当一个老好人，对别人的一切行为都点头称是。其实，在必要的时候，你应当敢于说"不"。

在别人向你提出你不能接受的要求之时，你要勇敢地说"不"。

当你说"不"时，不用编造什么堂而皇之地借口，有一说一，力求简洁明了、一语中的，没必要吞吞吐吐、神神秘秘。在说"不"之后，不要模棱两可、举棋不定，要勇敢地坚持自己的主意。在说"不"之后，也不要有什么负疚感，干净利落一些，洒脱痛快一些。

另外，你还应当在对付心理冲突方面采取实际行动。心理上的冲突也是导致人们产生心理压力的诱因之一。我们在面对几种同样令人向往的情境时，在面对几种同样令人讨厌的情况时，由于必须要在其中做出一种适当的选择，因而会产生心理冲突。有了矛盾与冲突，就需要加以解决，只有解决了冲突之后，身心才能够得以平衡，压力才能够得到减轻以至最终得以消除。

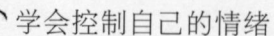

相关链接

热爱生命,感谢生活

有这样一位青年朋友,很小的时候,他就对水产生了莫名的感受,几次水祸更让他在以后的日子中加深了对水的思索,说不上恐惧,倒有几分神秘。

小学时代,好学而又顽皮的他有时为了一只小皮球和同学们争打得不亦乐乎。不过,在稻草垛中翻滚摔折左臂的经历却让他在很长一段时间里无法触摸那一只也许唯一能够作为玩具的小皮球。

中学时代,体弱多病的他缺课的时间加在一起足有一个学期之多。

在师范学校学习期间,他真希望校方能够改善一下他一拿起饭盆就痛苦的伙食。

在大学的日子里,他最大的一次不幸莫过于在一场由课堂演变而成的足球友谊赛中踢伤了右腿。校方和系方领导所给予的那一点随口带过的关怀使他真正地实现了男人也必须要痛哭一场的愿望。

第三章　情绪困扰的调适

在北京某师范大学的三年生活让他悟出了人生的很多道理,这三年时光让他受益终身。很多人都说,师大是一个很容易就产生爱情和作家的学校。据说苏童与刘恒都曾经在此制造过爱情以及与爱情有关的文字。或许由于女孩多、灵气更多的缘故,优良而又有些狡猾的艺术氛围让刚入校门不久的他领受到了风过莲花一般的文学气息。他希望自己凭借脉脉的才思与优雅的文字在中国日益低迷的文坛能够风生水起。

永不停歇的努力终于换来了丰硕的艺术成果。这位青年朋友雅韵别致的思想与文字如同依依的水香一样清远,为人们带来了智慧上的启迪、精神上的享受。

培养高尚的情操
PEI YANG GAO SHANG DE QING CAO

第四章　培养高尚的情操

　　培养高尚的情操,既需要学校、家庭与社会三方面全力配合,更需要青少年自己认真地开展自我教育,把高尚情操的培养作为人格修养的一个极其重要的组成部分。任何外在的教育力量终究需靠自己去吸收、理解和运用,情操的培养问题也要遵循这一基本规律。那么,对青少年自身而言,如何卓有成效地培养高尚的情操呢?

树立正确的世界观与人生观

　　世界观是人们情操的向导。

　　人生观是人们情操的灵魂。

　　世界观是人们对整个世界的根本看法与总体观点,它涵盖了人们对自然界、人类社会与人类思维的根本看法。世界观是一个人个性结构中的最高层次,它一经形成就变成个人行为举止的调节器,并且全盘控制着一个人的思想、意念、行为、言辞的任何一个方面。世界观影响着人整个精神面貌,而且最终决定一个人人生观的形成。

无产阶级的世界观是人类历史上最先进、最彻底、最革命的世界观,它以辩证唯物主义和历史唯物主义为指导,以唯物辩证法作为行动指南。无产阶级的世界观是千百年来劳动人民历史实践和共同智慧的结晶与概括,它科学地、全面地反映了社会存在。无产阶级世界观的最终目标就是实现共产主义,解放自身,解放全人类。无产阶级世界观也就是共产主义世界观。

青少年要想具备高尚的情操,必须首先加强共产主义修养,树立共产主义的世界观。

一、要认识到共产主义世界观的先进性

共产主义世界观既能够对自然现象进行合理解释,更能够对社会中发生的各种事件进行公正全面、有理有据的评价,在内容上具有丰富性、科学性,共产主义世界观是经过革命的风雨反复考验过的真理。

共产主义世界观是概括性与具体性的统一。它站在时代的制高点上,对人类社会的客观规律进行总结与概括。它同时又时刻不能脱离人类的生活实际。

共产主义世界观永远把付诸社会实践作为一条基本原则。只有行动,才会有生活的甘甜与和谐。

青少年只有在正确认识共产主义世界观的先进性、科

学性、系统性、一致性与成熟性之后,才能够从内心激发出树立共产主义世界观的欲望,才会自觉把它作为自己为人处世的行动指南。

二、自觉地学习马克思主义理论

马克思主义是最先进的社会思想体系,学习马克思主义理论能够使我们的眼界更加开阔、思维更加清晰、行动更加合理。

学习马克思主义理论,就需要学习马克思主义经典著作与文章。目前,大家更应当认真学习毛泽东思想与邓小平理论、"三个代表"重要思想、科学发展观和习近平新时代中国特色社会主义思想。这些理论是建设有中国特色社会主义的指导思想与行动纲领。学习这些理论,能够使自己更加自觉地投入社会主义建设的洪流中去,越来越主动地贡献出自己的青春与聪明才智。

三、学习各门科学知识

学习和掌握马列主义、毛泽东思想和邓小平理论、"三个代表"重要思想、科学发展观和习近平新时代中国特色社会主义思想,使青少年能够从宏观上提高自己的思想修养。学习和掌握各门科学知识能够从微观上提高青少年的知识素养。二者的完美结合,可以使青少年的心智更加明朗、思维更加敏锐灵活、个性更加丰富。

学习各种知识,可以帮助人们正确认识世界万物的本来面貌和它们之间极其微妙的关系。

学习各种知识,可以帮助人们正确认识和掌握客观事物的发生、发展与变化的规律。

学习各种知识,可以帮助人们更有趣味地探索世界与宇宙的奥秘,并且不断地激发自己的创造性。

总之,学习各种知识,能帮助人们提高认识世界、改造世界的能力,为培养高尚的情操打下十分坚实的基础。

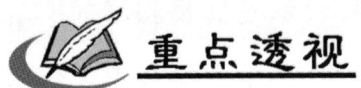

培养优良的道德品质

社会道德现象在个体身上体现出来,就是道德品质。

任何一种道德品质都包含有三种基本成分:道德认识、道德情感与道德行为。道德认识是人们对道德准则的意义、道德行为的善恶所产生的认识。道德情感是人们在认识道德时产生的情绪体验。有时候,人们把道德认识与道德情感合称为道德动机,道德行为是人们实现道德动机所

第四章 培养高尚的情操

采用的手段。

优良的道德品质离不开道德情感的热烈烘托。道德情感是道德认识的一种具体表现,人们对某种道德行为都会产生一种爱慕或憎恨、喜欢或厌恶之情,通常对符合道德标准、道德原则的行为感到愉快与满意,对不符合道德标准的行为感到不愉快、不满意。从形式上看,道德可以分为三种:一是由某种情景或场景直接引起的情绪体验。二是与具体的道德形象联系在一起的情绪体验。例如,想起古代的一个英雄人物就会产生一种敬佩感。三是与道德理论联系在一起的情绪体验。例如,爱国主义情感。

如何更加有效地培养优良的道德品质呢?

一、从自身的实际情况出发,有针对性地加以培养

有的人道德理论知识掌握得不太牢固,这就需要从提高道德认识入手。

有的人道德理论知识学得比较扎实,但缺乏坚强的毅力,不太注重去克服自己不良的道德行为习惯,这就需要从训练道德意志入手。

有的人在面对各种各样的道德行为时,不能够明确表明自己的态度,总是一副无动于衷的样子,这就需要从激发道德情感入手。

有的人说得好听,就是言行不一致,老是表现出一些不良的道德习惯,这就需要从锻炼道德行为入手。

每个人应该根据自己的实际情况和自身的道德行为特点,对症下药,有针对性地加以培养。

二、努力提高自我教育的能力

自我教育在培养道德品质方面能够发挥极其重要的促进作用。

青少年应当明确地知道社会、家庭和学校对自己提出的各种道德要求,并且弄明白这些道德要求的正确性与必要性,而产生一种自我教育、自我锻炼的动机。青少年也应当培养自己自我评价的能力,对自己的道德行为进行客观、公正的评价。青少年还应当借助各种激发意志和斗志的手段,来提高自己的行为能力。例如,可以采用自我鼓励、自我命令、自我禁止或者自我监督的方式来调控自己的道德行为。

具有了较强的自我教育能力,就能够经常地给自己提出道德修养的目标,并且适时地进行自我分析、自我评价与自我解剖,最终达到自我改造、自我提高的目的。

三、积极主动地参加集体活动

学生集体不仅是接受教育的对象,也是教育的主体。

第四章 培养高尚的情操

集体活动具有巨大的教育作用。

青少年一定要积极主动地融入集体之中,在集体组织的各种活动里体验集体的温暖与关怀,并且努力为集体服务,树立集体主义思想。学校的共青团与少先队的活动都是具有强大教育作用的集体活动。共青团是中国先进青年的群众组织,是青少年学习共产主义的学校。少年先锋队是中国共产党委托共青团领导的少年儿童的群众组织,是少年儿童学习共产主义的学校。共青团与少先队都以马克思主义的基本思想、共产主义的理想以及社会主义的道德规范来教育大家,并且团结广大青少年一起共同前进、共同进步的组织。青少年通过参加团队活动,能够不断地激发自己的荣誉感、上进心与幸福感,而且在这种其乐融融的团队活动中,也一定能自觉地加强思想修养,自觉地提高自身的社会适应能力,从而培养优良的道德情操。

四、培养爱国主义情感

爱国主义情感的培养有助于青少年产生一种积极的、伟大的、自豪的情绪体验。当一个人非常明确地意识到自己是在为民族、为祖国做贡献时,他该是何等的自豪与幸福啊!爱国主义情感能够使人心胸变得开阔起来,

产生一种对祖国巨大的热爱与敬慕之情,这种热情会激发青少年更加努力地去学习,将爱国之情、报国之志变为报国之行。

为了培养爱国主义情感,青少年应当多了解祖国的历史、文化、地理、政治经济制度、社会状况以及中国在世界体系中的地位与作用,也应当多参加各种社会团体、企事业单位以及学校所组织的爱国活动,把爱国的信念转化为爱国的举动。

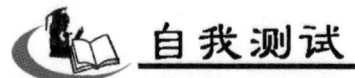 **自我测试**

发展积极健康的美感

美究竟是什么?它的本质又是什么?古往今来人们为此探索和争论了几千年,至今也没有一个公认的论断。但是,无论这个问题多么复杂,人们一直都相信,高尚的情操离不开美感。

德国文学家歌德说:美是费解的,它是一种犹豫的、游离的、闪耀的影子,它总是躲避着被定义所掌握。

美国当代著名的美学家托马斯·门罗说:美是许多不同的东西。

第四章 培养高尚的情操

俄国人车尔尼雪夫斯基说过:美是生活。

我们有理由相信,美根本没那么神秘,美就在我们的脚下,就在我们的手边,美需要我们去创造、去感受。美就在眼前,美就在生活中,美就在你我的心中。

我们需要美感,我们需要形成和发展感受美、鉴赏美、创造美的能力。我们需要通过审美感知去获得审美感受,并且融合进我们自己的审美情感和审美理想。我们要深入现实与艺术的美好意境之中,激起自己情感上的共鸣,使美融化于自我的心灵之中。

青少年应当如何通过提高美感来培养高尚的情操呢?

一、欣赏自然美

天地有大美而不言。山光水色、日月星辰、花鸟虫鱼、草原田野都具有尽在不言中的"大美"。雪压庭春,香浮花月;芒山堂下,兰开双花。草色庭前绿,画帘熏风清。东风袅袅泛崇光,香雾空蒙月转廊。林深雾暗晓光迟,日暖风轻春睡足。

欣赏自然美可以增强青少年的审美感知能力和理解能力,让人心旷神怡,神清气爽。

欣赏自然美可以开阔青少年的视野,砥砺品行,陶冶情操。到大自然中遨游,不仅能够感知许多生动形象的历史地理与文化艺术知识,还能够进一步产生探索大自然奥秘的欲望。

孔子曰:知("知"同"智")者乐水,仁者乐山。知者动,仁者静;知者乐,仁者寿。

智者之所以乐水,因为水有川流不息的灵动;仁者之所以乐山,因为山有沉稳安然的宁静。人之性情,人之情操,与山水相通!

大自然的可珍爱之处,正在于它能陶冶人的情操,使人气顺心通、情趣高雅。

二、感受社会美

人本身的美,政治历史事件的美,日常生活的美,社会环境的美,用品装饰的美,等等,都是社会美的重要内容。青少年在社会生活中,理应把感受社会美作为陶冶情操的重要途径。

一定要把握社会美的本质:内容胜过形式,内在美胜过外表美。

山美不在高,人美不在貌;鸟美在翅膀,人美在思想。

古希腊哲学家德谟克利特指出:身体的美如果不与聪明才智相结合,就是某种动物性的东西。

第四章 培养高尚的情操

近代美学大师罗金斯说过:更高尚的从容在容貌上必然标出温柔;更高尚的威望在容貌上必然标出庄严。

一个人真正的美依靠崇高的理想、优美的情操以及高尚的道德去充实。内在美是最宝贵的,也是最根本的。一个人心灵美不仅可以增加外表美,更可以使原本或许有些缺陷的外表得到弥补。一个人的心灵不美,再完美的外形,也会显得空洞、显得轻浮。

三、体会艺术美

艺术美指的是人们所创造的文艺作品的美。例如,文学、音乐、建筑、舞蹈、雕塑、绘画、戏剧等所体现的美就是艺术美。艺术美包括思想内容的美与艺术形式的美。

艺术美来源于生活美,但又不同于生活美。艺术美是艺术家们独特的创造,一方面要反映生动活泼的社会现实;另一方面又要把作者的思想感情熔铸其中。

毛泽东同志曾经深刻地指出,艺术美"可以而且应该"高于生活美。

确实如此,艺术美并不只是生活美的浓缩,同时也是艺术家美学理想的结晶,艺术家在概括与提炼生活美的同时,一般还会运用创造性的联想与想象来弥补生活美的不足。

青少年应当留心体悟其中的奥妙之处,以便能够更好地感受艺术美的内涵。

 **相关链接**

张煌言的爱国情操

生比鸿毛犹负国,死留碧血欲支天。

忠贞自是孤臣事,敢望千秋青史传!

铮铮爱国誓言,天地可鉴。这是明末清初爱国抗清将领张煌言的诗句。

张煌言是现在的浙江宁波人,出生于1620年。他自幼就受到父亲爱国思想的熏陶,从小就懂得做一个正直的人、做一个情操高尚的人,就一定要热爱自己的祖国,要为祖国的繁荣富强贡献自己的力量,甚至不惜牺牲自己的一切。他的父亲由于对明朝统治者的无能感到非常气愤和不满,辞去了刑部员外郎的官职,回乡开馆教书。父亲忧国爱民的思想对张煌言的成长起到了举足轻重的作用。

小时候体弱多病的张煌言一边刻苦读书,一边坚持练习武艺,年幼的他就发誓一定要学到杀敌的真正本领。15岁那年,文武双全的他在宁波府的考试中名列榜首,崭露头角。22岁那年,他到杭州应试,中了举人。但是他却回到

第四章 培养高尚的情操

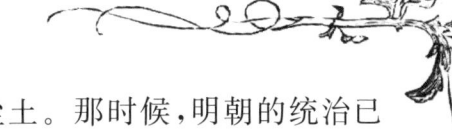

家乡继续练文习武,视功名为尘土。那时候,明朝的统治已风雨飘摇,农民起义此起彼伏,清军也在关外虎视眈眈。张煌言满腔的爱国豪情促使他时刻为保家卫国、抗击敌人而勤学苦练。

不久,清军攻陷北京进入关内,明朝分崩离析,福王朱由崧在南京建立了南明小朝廷勉强支撑危局。张煌言闻知这一切以后异常悲愤,果断地决定投笔从戎,到兵部尚书史可法那儿去参加救国抗清的斗争。然而,他风尘仆仆赶到南京看到的却是南明王朝腐败堕落的不堪景象,结党营私、鱼肉人民的奸臣马士英与阮大铖不仅花天酒地、寻欢作乐,还处处打击排挤一再主张抗清救国的兵部尚书史可法。张煌言见此情景,不免悲从心中来、泪往心里流,他顿时明白了即使投奔史可法恐怕也不能挽救国家。

于是他决定立即返回宁波老家,离开之前,他还特地来到明孝陵拜祭了明朝开国皇帝朱元璋的陵墓,暗暗发誓要与清军血战到最后一刻。回乡之后,他立即在宁波与钱肃乐等抗清义士一起组织了义军,并且积极与定海总兵王之仁取得了联络,共同抗击清军。

起初,由于义军缺乏统一指挥,数万清军渡过钱塘江之后很快进入义军占领的浙东地区。张煌言不禁感慨万千,爱国烈火在胸中熊熊燃烧。他毅然辞别了家中老父与妻

儿，渡海到舟山重举义旗抗击清军，舟山失陷，他又来到台州组织新的义军队伍，义军在他的正确指挥下乘船北上，攻克崇明，直抵镇江。

1659年，张煌言率领义军与郑成功配合，攻破了清军苦心经营的重重障碍，击垮了清军的木浮营，攻占了瓜州城。随后兵分两路，郑成功率军围攻南京，张煌言溯江而上，后来又合兵于燕子矶。在随后不到半个月的时间里，张煌言率军以芜湖为根据地，兵分四路，连续收复了包括池州、徽州、和州、铜陵在内的四府三州二十四县，战功显赫，士气大振。然而，郑成功由于疏忽轻敌，未能攻下南京，反而受到清军围击，只能败退而去。如此一来，孤军作战的张煌言受到了清军的全力进攻，水路被堵截。拼死搏杀的张煌言虽然最终突出重围，但义军损失惨重，令他万分悲痛。此时的他骨瘦如柴、伤痕累累、饥肠辘辘，但爱国之火依然在胸中激荡。在百姓的帮助与护送下，他暂时回到了老家。

历经九死一生的他抗清复国的意志更加坚定，还未来得及休养一番，他又招募了一支义军，他要重整旗鼓，死不甘休。他一边带领义军在台州沿海的小岛上加紧操练，一边静心书写《北征录》，总结经验教训。当时清朝的江南总督郎佐听说了张煌言再举义旗之事，就偷偷派人抓走了张煌言的妻儿把他们关进监狱，送信给张煌言劝他投降。如

第四章 培养高尚的情操

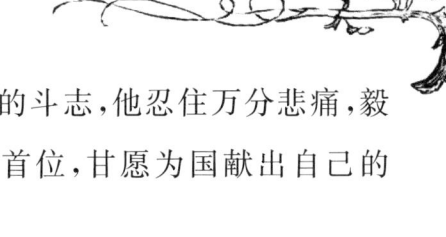

此严峻的考验并未打垮张煌言的斗志,他忍住万分悲痛,毅然决然地把民族的利益放到了首位,甘愿为国献出自己的一切。

张煌言心里十分清楚,清朝的统治已经越来越稳固,各地的抗清力量也几乎被围剿殆尽,自己的义军成了抗清的最后一面旗帜。但是,为了民族而无怨无悔的张煌言更感到自己的责任与担子沉重。1664年3月,清军与义军在东海展开激战。由于义军力量过于弱小,张煌言决定暂时遣散义军,保存抗清力量。他带了十几名将士隐居在悬岙小岛,时刻准备再图大业。

小岛上环境恶劣,缺衣少吃,为了维持生计,有一次他派人到普陀山去采购食物,不料叛贼报告了他们的隐藏地点,大批清军在一个月黑风高之夜围攻悬岙小岛。张煌言将叛贼徐玄斩于刀下,自己不幸被俘。

1664年7月19日,清军把他押到宁波,并且在城中摆酒宴劝降张煌言。张煌言正气冲天,大义凛然,拒绝进食。不久,他写下了《忆西湖》来表明自己宁死不屈的决心与意志:

> 梦里相逢西子湖,
> 谁知梦醒却模糊。
> 高坟武穆连忠肃,

添得新祠一座无？

"武穆"指的是"壮志饥餐胡虏肉，笑谈渴饮匈奴血"的抗金英雄岳飞，"忠肃"指的是"粉身碎骨浑不怕，要留清白在人间"的大明英雄于谦。

在宁波劝降失败的清军把张煌言押运到杭州，闽浙总督赵廷臣又耍手腕，以酒宴歌舞款待张煌言，妄图以此消磨张煌言的斗志。然而爱国激情永不磨灭的张煌言早已置生死于度外，绝不归降。

1664年9月7日，张煌言在杭州凤凰山刑场英勇就义。在此之前，他的妻儿也被残酷杀害。张煌言的爱国热忱感天动地，老百姓纷纷捐献银两，将他安葬在岳飞与于谦的两坟之间。

做个情商高手
ZUO GE QING SHANG GAO SHOU

第五章　做个情商高手

情商的发展史

EQ是Emotional Quotient的简称,译成汉语有"情绪商数""情感智商""情感智能""心理能力指数"四种。情绪与情感,智商与智能均属不同概念,译作"心理能力指数"是定"情"为"心理素质核心",取代以前处"核心"位置的"智"。

正式提出"情感智商"这一术语的是美国耶鲁大学的彼得·沙洛维教授和新罕布什尔大学的约翰·梅耶教授。他们在1990年把情感智商描述为三种表示能力的结构。这三种能力是:

1. 准确评价和表达情绪的能力。
2. 有效地调节情绪的能力。
3. 将情绪体验运用于驱动、计划和追求成功等动机和意志过程的能力。

1995年10月,美国《纽约时报》专栏作家戈尔曼出版了《情感智商》一书,把情感智商这一学术成果以非常通俗

的方式介绍给大众。戈尔曼认为情感智商包括五个方面的能力:

1.认识自身情绪的能力。

2.妥善管理情绪的能力。

3.自我激励的能力。

4.认识他人情绪的能力。

5.人际关系的管理能力。

1996年,沙洛维和梅耶对自己原先的理论进行了修订。修订后的理论包括四个方面的能力:

Ⅰ.情绪的知觉、评估和表达能力

A.从自己的生理状态、情感体验和思想中辨认自己情绪的能力。

B.通过语言、声音、仪表和行为从他人、艺术作品、各种设计中辨认情绪的能力。

C.准确表达情绪,以及表达与这些情绪有关的需要的能力。

D.区分情绪表达中的准确性和真实性的能力。

Ⅱ.思维过程中的情绪促进能力

A.情绪思维的引导能力。

B.情绪生动鲜明地对与情绪有关的判断和记忆过程产生积极作用的能力。

C.心境的起伏使个体从积极到消极摆动变化,促使个体从多个角度进行思考的能力。

D.情绪状态对特定的问题解决所具有的促进能力。

Ⅲ.理解与分析情绪,可获得情绪知识的能力

A.给情绪贴上标签、认识情绪本身与语言表达之间关系的能力。

B.理解情绪所传送意义的能力。

C.认识和分析情绪产生原因的能力。

D.理解复杂心情的能力。

Ⅳ.对情绪进行成熟调节的能力

A.以开放的心情接受各种情绪的能力。

B.根据所获知的信息与判断成熟地浸入或离开某种情绪的能力。

C.成熟的监察与自己和他人有关的情绪的能力。

至此,梅耶和沙洛维终于为情商构建了一个较完整的结构。

情商被认为是用于预测一个人能否取得职业成功或生活成功的更有效的东西,它与智商相比,更好地反映了个体的社会适应性。

有趣的体态语言

要准确判断对方的情绪,光从表情上来看是远远不够的。因为人们往往总会想法隐瞒自己的真实的情绪。怎么办?注意他的体态语言。比如说,有一种人总能装出一副"毫无表情"的面孔,俗称"死人脸"。没有表情,你能知道他的情绪吗?能。通过他的体态语。这种人若内心情绪强度增大的话,他们的眼睛往往就会马上睁得很大,鼻孔会显出皱纹,或在脸上出现抽筋现象。这时,你最好不要直接去指责他,或者当场给他难堪。

除去脸上的表情外,我们还可以从对方的身体的某个部位发现他的真实情绪。为了弥补自身的弱点或掩饰某种情绪,人们往往会在无意识中做出种种自我接触的动作来。比如说,一个人不断地把两只手的手指交叉在一起,那就是他内心紧张不安的一种折射。

美国造成销售技术革命的肯·戴尔玛曾经介绍过怎样通过对方的手来判断他的情绪。

表示肯定情绪的动作:手部放松,手掌张开;将手摊开放在桌上,清除桌上的障碍物;抚摸下巴。

表示否定的动作:在身体前边握紧拳头;两手放在大腿

上,张开手时两手拇指相向;两手交叉按在头部后面或手指按在额头正中央;手向着你而屈指数数;和你交谈时不断把玩桌上的东西,或将它们重新放置;打开抽屉又关上,好像在找东西;两手撑住下巴;用手指连续敲桌子。

心理学家还发现,当一个人用手摸后颈时,往往出现了恼恨或懊悔等负性情绪。

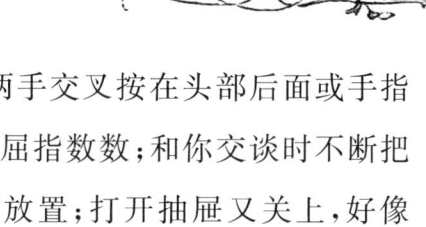

情商被引进中国

自丹尼尔·戈尔曼(《纽约时报》专栏作家)1995年推出《情感智商》一书后,一下子使"EQ"一词风行世界。1997年2月,企业管理出版社发行了我国第一本有关情商的书——《情商——唤醒心中的巨人》。下半年,我国许多大城市书摊上,一下推出10多部情商作品。社会的需要加上某些商业人士的炒作,情商繁闹到令人有点目迷神乱之感。有人宣传"EQ托起明天的太阳";"20%的IQ(智商)+80%的EQ=100%成功"。以往较多的人相信智商是个人成功的关键,有所谓"智商决定论",即个人成功80%靠智商。从"智商即命运"变为"情商即命运",情商又取代了智商的位置。

1995年,美国某公司在上海举办过一次"EQ训练班",仅训练3天,每人学费4000元。这大概是情商理论在中国的第一次实践。训练班开设课程有:面对自己成长的挑战;规划成功的途径;设定目标解决问题;拥有富于生命力的人际关系。学员清早起来就面对镜子自语,"我爱我自己,我喜欢我自己""今天会有很棒很棒的事情发生""反正今天不会死。"另有人参加过提高情商的"拓展学校",训练中有"背摔"项目:将受训者两手绑住,从7米高处往后倒向地面,下面有同伴接住,培养"勇"与"信"(朋友)。情商理论化作操作实践,似乎失去了争购热销书时的新鲜感。当然,情商作为新的理论,它的理论与实践均有待日臻完善。

情商的现实与神话

情商理论在传播之初就存在着过分夸大的危险,其理论本身就存在着一些不可证实的缺点。在智商检测中的问题本就不少,有人论述智商有120种结构成分,那么情商的组成、构成,想必比智商更庞杂。有位少女研读了《情感智商》后不以为然,觉得《红楼梦》里的薛宝钗情商实在算高,可是她的爱情、婚姻、家庭没有一样顺心遂愿。创造薛姑娘艺术形象的大作家曹雪芹,情商谁能与之匹敌？可他的人生极为凄凉,死了连棺材都买不起。看来,说到情商与事业之关系,至少还得加上社会文化等要素。今天我们"拿来"情商要融会到素质教育、情感教育等现实之中,的确前景诱人,只是还要充实大量的创造性劳动和社会改造功夫。

情商与心理健康的关系,想来意义不在智商之下。精神病人最常见的是情感淡漠或情感倒错、紊乱;情感性精神病的复发率是所有精神病中最高的。情绪、情感问题给社会安定带来的影响实在极为重大。一个"情"字,受其困扰、骚扰或恩泽的,占人口100%。难怪情商的内涵外延无一人讲得清楚。

智商外多了个情商,缭绕心灵的云遮雾障中似乎多了一条蹊径。通向自我认知的道路上,辛劳跋涉的人们不时有所发现是可喜可贺的。追究人世间种种危害进步文明的假恶丑根源,肇事者从毒枭、战犯到邪教头目以及各色混世魔王,大多不是智商低下,而往往是智商过人而情义偏狭、良知丧失的情商怪异者。规约、训导情商,若可望能够调适情感,改善人际关系,创建融融乐乐的新世界,那真是"托起明天的太阳"！好吧,愿知识界、健康界努力求索,变神话为现实。

总而言之,EQ作为一种理论,跟任何理论一样,它都有个产生、发展和逐步完善的过程。我们没有必要把它捧上天,认为它就是我们成功一剂万能药,我们也没有必要刻意去贬低。你是不是相信它,就让我们和对待世界上是否有鬼一样,一切顺其自然吧!

重点透视

情商让你走向成功

渴望成功的人生是每个现代人的心声。父母盼望子女成功,教师盼望学生成功,我们每一个人都希望自己拥有一个成功的人生。

长期以来,一谈起某人成功,我们首先想到的是这个人的聪明或智商,如果他聪明或智商高,我们就赞叹地说,他一定会有出息。

不幸的是,这种判断一个人能否成功的方式,多少年来也一直表现在学校教育中。然而,具有讽刺意味的是,一些带着高智商聪明桂冠长大的孩子,在人生道路上,未必事业成功,生活幸福。而那些时乖运蹇、智力平平、表现愚笨的孩子,倒屡有出类拔萃者。至于那些像爱因斯坦、爱迪生、丘吉尔、达尔文式的孩子,曾被学校认为弱智,会给家庭丢

第五章 做个情商高手

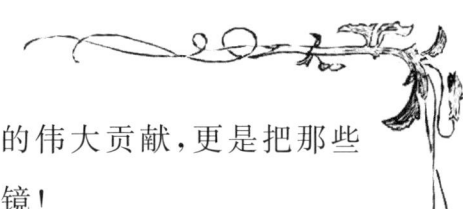

脸的学生,他们后来给人类做出的伟大贡献,更是把那些"胸有成竹"的预言者惊得大跌眼镜!

韩国当年的神童金维镐,一度闻名世界,出生3个月就会喊"爸爸""妈妈",1岁时就能演算微积分,他2岁已会读写2500个汉字,10岁时智商高达210,然而随着年龄的增长,金维镐越来越趋于平常。他参加1979年的高考,平均成绩65分,成绩在2763名录取者中仅位居第2420名。1990年,有报道说,27岁的金维镐已是一个极为普通的青年。

诸如此类的现象,在我们身边也不乏其例。1999年绵阳某中学举行校庆,大家一看,当年学习成绩一般,调皮捣蛋的不少人成了大款、领导,当年成绩差的学生成就比成绩好的学生还大。

这到底是为什么?难道一个人的成功是冥冥中的天数?是一种可遇而不可求的机缘吗?对此,美国耶鲁大学和新罕布什尔大学两位科学家对此进行了专题研究。他们认为,人的情感商数,即EQ影响人的一生的成功与否。自从美国《时代周刊》在1995年10月以"EQ"(情商)为封面专题后,"情商"遂成为教育界的热门话题。《纽约时报》的科技作者丹尼尔·戈尔曼所著的《情感智商》(上海科技出版社)一书更是畅销全球。

他认为"情感智商"应包括五个方面的能力：即认识自身情绪的能力；妥善管理情绪的能力；自我激励的能力；认识他人情绪的能力；人际关系的管理能力。概言之："情感智商"就是人对自己的情感、情绪的控制管理能力和在社会人际关系中的交往调节能力等。

"情商"的出现，打破了"智商"的传奇，并让人摆脱了"智商"宿命论。研究者认为，"情商"与"智商"并不是互相对立的，在成功的因素中，人的智商起的作用为20％，而人的社会阶层、运气、情感等其他因素的作用占80％。有西方企业家说："IQ（智商）让你受聘，EQ（情商）助你升迁。"特别是在当前竞争激烈的市场经济之中，"上岗""下岗"已成了家常便饭，如果你的智商高，能力强，知识过硬，在激烈的竞争中，你将很容易得到一个职业。同时，如果你的情商也高，你的职位将不断得到提升。反之，即使你的智商高，得到了一份职业，如果你的情商低，五种能力都低下，那么，你得到的饭碗也很快会丢掉。因此，我们说，成功的人生＝IQ（智商）＋EQ（情商）。

人的一切行为，包括智力状态，总会受到情感、情绪、心理的笼罩。重要的是，受情绪控制的人能够反控情绪，让情绪稳定和健康，让情绪开阔和宽容，让情绪积极向上富有激情。人是处在与社会和他人的关系之中的，实在不是你口袋里装有一张全优成绩单和文凭就能走南闯北、包打天下。

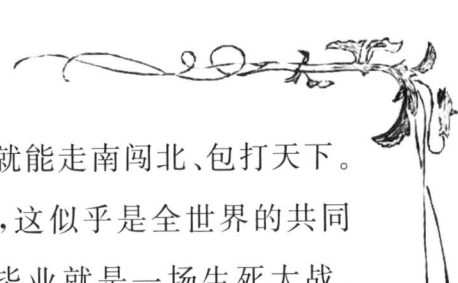

很多人都感到今天的教育难,这似乎是全世界的共同发现。在不少地方,中学(小学)毕业就是一场生死大战。初中已成为教育系统中承受压力最大的部分。独生子女的家长95%希望子女上大学,68%的家长希望孩子有硕士学位,46%的家长要求孩子有博士、博士后学历。不管是升入大学、中专学习的胜利者,还是考场上的失败者,面临当今风云变幻的高科技时代,他们都将接受社会、人生的挑战。这实际上也是现代教育对学校教育者的挑战。

随着社会和经济的发展,"温室效应"和"女性效应"导致了独生子女精神上的缺钙。著名儿童心理学家、上海师范大学教授曹子方认为,"独生子女发展的关键不在智力,而在情感"。正常的情感讲12个字:认识自己,悦纳自己,控制自己。

上海市中小学心理辅导协会理事长张远声教授指出:"独生子女的教育问题就是下一代的教育问题。解决问题的突破点在于观念转变。一是群教,即要培养学生合群的人格品质。二是情商,这是人才观转变的体现。成才与成绩无必然的联系,而恰恰与人的品质能力有极大的关系。三是沟通,沟通本身就是教育,就是在'动之以情、晓之以理、导之以行'。四是爱,爱不是表面上的'多'与'少',而在于其内涵和核心——理解与尊重。"

一天,有一个美国商人在街上遇见一个衣衫褴褛的铅笔推销员,他觉得这个推销员很可怜,随手掏出几张大票丢在推销员脚下,扬长而去。刚走了几步,商人觉得不妥,转身回到推销员面前说:"对不起,刚才我忘记拿自己的东西了。"铅笔推销员注视了商人一会,慢慢从地上捧起一捆铅笔递给商人,商人带着铅笔走了。一年后,铅笔推销员成功了,他专程找到这个美国商人,说:"谢谢您。要是您当初只是丢下大票扬长而去,我会觉得那是对我的极大侮辱。正是您的理解与尊重,给了我信心,让我看到了希望。今天,我成功了,谢谢您!"

还有一位年轻的母亲,她喜欢带着三岁的女儿上街逛商店。女儿跟她去了一两次,就再也不去了。这位母亲弄不清楚女儿为什么不愿跟她上街逛商店,她去请教一位心理学老师。老师告诉她:"你上街后,蹲下来,蹲到与你女儿一样高的位置,你看看,你看到的是什么?"这天,这位年轻母亲带着孩子来到街上,她蹲下来一看,恍然大悟。她眼前并不是五彩缤纷的世界,而是一双双不停地翻动着的脚和小腿。从此,她再也不勉强孩子跟她上街了。这两个故事告诉我们,这个世界需要爱,而真正的爱,那就是理解与尊重。

南京师范大学副校长、教育专家朱小蔓教授认为:情商这一概念,对当前的教育有许多积极的启示。它提醒人们应当多关注教育过程中的情感,情绪的塑造培训正是与素质教育的培养倾向相一致。素质教育是全面的教育,不能仅强调认知能力的提高,还需加强情感智力的发展。为纠正以往"应试教育"的诸多弊端或过失,现在尤其要适当地引进"情商",让素质教育真正舒展"情感性"的翼翅,在个人的自尊心、自信心、责任心等方面塑造个性,塑造完美人格。

认识自己——人贵有自知之明

认识自己是一个古老的命题,它指的是个人对自己的情绪状态有敏锐的觉察力。这种能力是情商的重要组成部分。因为只有敏锐地及时地觉察出自己的情绪状况,人才不至于被恶劣情绪感染或奴役,才能及时把自己从消极的情绪氛围中拽出来,也才能预先提醒或尊重自己,不要受坏情绪的侵袭,或者做好预防措施。

某中学刚从小学升入初中的一个小女孩,被推选为班上的班长。她一心想让本班成为全年级最好的班,但同学们不听她的,她绝望焦虑,写下遗书,跳楼自杀了。

此种现象叫成就焦虑现象。在日常教育中,家庭、教师,制造了无数的成就焦虑现象。"我一定得第一,得第二太丢人了,不活了。"家长不顾孩子的实际情况,动不动就要求孩子得100分;教师以成绩排名,动辄训斥孩子:"怎么名次又下降了,你简直是猪脑子!"越是年龄小的孩子,越相信老师的话。

分数是学生的私隐,在这点上很多老师和家长可能都没有意识到。而且对学生的成绩公开排队,会挫伤学生的学习积极性。对学生分数的不同处理将产生不同的结果。有一位姓张的老师,学生考试结束,他把学生成绩排队,在班上公开宣读。当读到一个差生的成绩时,这位老师特别强调:"你这次不仅考得最差,而且还是班上倒数第一名。"这位差生感到无地自容,从此,更心灰意懒无心学习。而另一位陈老师,他在考试结束后,没有在班上宣读学生成绩,而是分别将学生叫到前面把试卷发给本人。当发到一个最差的学生时,他悄声说:"你这次考得不太好,但我相信只要你努力,下次你一定会考好。"从此,这个学生刻苦努力,成绩终于上去了。

心理研究发现,94%的孩子智商水平都差不多。孩子的学习好坏,绝大多数不是聪明不聪明的问题,而是爱不爱学、刻苦不刻苦、会不会学的问题。因此,作为教师,作为家长,应鼓励孩子正确认识自己,无论孩子闯了多大的祸,或

第五章 做个情商高手

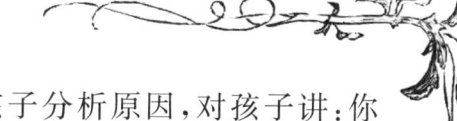

考得多糟糕,都应理智地帮助孩子分析原因,对孩子讲:你是个聪明的孩子,是个好孩子,你一定会学得好。

某中学,数学教师在实施"成功教育"中做过这样一个实验。上课时先让学生们做一般难度习题,学生们顺利过关。老师又加了一道高难度的习题,学生们放下了笔,茫然地望着老师。数学老师以轻松略带戏谑的口气说:"同学们,你们知道这道题是谁做的吗?是重点中学学生做的。"学生一听,便"炸"了堂:"什么?重点中学的学生做得出来,我们也能做,老师,请再出几道。"

雨果曾经说过:"苛求等于毁灭。"在教育子女方面,做家长的切忌一味高标准、严要求。而应从自己做起,多一点平常心,进而使孩子们能正确面对学习上的挫折与失败。

像眼睛能看见外在事物,却难看见自己一样,认识自己,是一件极不容易的事。但是,认识自己,又是生活和成就事业过程中的头等大事。古希腊斯芬克斯之谜给人的一种警示就是:认识你自己,否则你就会被毁掉。古希腊神话中的智能与光明之神阿波罗就把"人啊,认识你自己吧"这条箴言刻在神殿的门楣上,认为这句话包含了他对人类的全部教导,极力倡导人贵有"自知之明"的生活。

自我测试

你的情商有多高

智商虽然是人人认为的可以影响成功的极其重要的因素,但是影响一个人一生的,更多的还是你的性格,你的世界观,你的价值观,你的耐心,你的信心,你的毅力,你的情绪,你的情感。1960年著名的心理学家瓦特·米歇尔做了一个软糖实验,这个软糖实验是什么呢?在斯坦福大学的幼儿园他做了实验,就召集了一群四岁的小孩,在一个大厅里面,墙壁上不要太花里胡哨,每个小孩面前放了一个软糖,实验者对他们说,小朋友们,老师要出去一会儿,你们面前的软糖不要吃它,如果谁吃了它,我们就不能给你增加一个软糖。如果你控制住自己不吃这个软糖,老师回来会再奖励你一个软糖。老师走了,老师在外面窥视,很多人,在外面窥视,这群四岁的小孩,老师走了以后,大家看着软糖,诱惑,甜啊!有的小孩过一段时间手伸出去了,缩回来,又出去了,又缩回来,一会儿,有的小孩开始吃了。有相当多的小孩坚持下来了,老师回来后,就给坚持住没有吃软糖的孩子再奖励一个。这个事完了吗?没有完,老师就分析了,

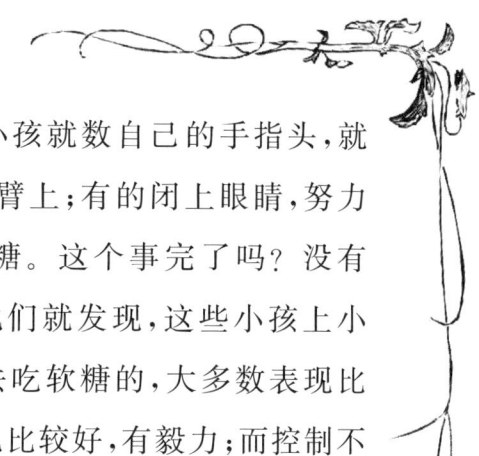

他们凭什么坚持下来了?有的小孩就数自己的手指头,就不去看软糖;有的把脑袋放在手臂上;有的闭上眼睛,努力使自己睡觉;有的数数,不去看糖。这个事完了吗?没有完,他们继续观察、继续分析,他们就发现,这些小孩上小学、上初中时,能控制住自己不去吃软糖的,大多数表现比较好,成绩也比较好,合作精神也比较好,有毅力;而控制不住自己的,表现不好的,不光是读初中,到了社会上的表现,大概也是如此。那么这个软糖实验告诉我们什么?控制自己,控制力,这项并不神秘的试验使人们意识到,智力在人生的作用方面过去价值估计偏高,所以他们认为对人生成功取胜还应该有其他因素。

在现代社会也有这种情况,有不少神童,大家都说他是聪明的,但是这些神童没有像人们想象的那样,长大后可以有出息。为什么?有的学生虽然也很聪明,但是性格孤僻、怪异,不合群,不宜合作。有的学生自卑脆弱不能面对挫折;有的急躁,固执,自负,情绪不稳定;有的学生冷漠,易怒,神经质,与周围的人很难沟通。特别是有的学生以我为中心,什么都是我、我、我,不关爱他人,不关心他人,总喜欢周围的人围绕他一个人转。有的哪怕是大专家,智商特别高,做课题也可能是一把好手,也有一定的名气。但是他们在与人合作方面还是不尽如人意,对人苛刻挑剔,不能原谅人,不能宽容人,人们对这个大专家怎么办?敬而远之。到后来他可能成为孤家寡人,也形不成大气候的科研团队。也有不少人,智力虽然不太出众,也不是太聪明,甚至大家认为他可能还是低智商的,但后来却成就了大事业,取得了大成就,获得了成功。

我们在同学会上通过观察就不难发现一个奇怪的现象,当时班上读书成绩平平的,反而都获得了成功;而当时成绩好的,智商高的,后来有不少人到了社会上后,成就平平。那么其他的班是不是也会这样?他也了解了其他班级,几乎也是如此,于是他就得出一个结论:在一个人成功成就之中,智商只占20%。那还有80%是什么呢?他不知道是什么,他就苦苦地去找啊,找那80%成功的东西是什么。1995年,美国哈佛大学教授丹尼尔·戈尔曼写了一本书,这本书叫作《情感智商》。这本书中他提到了情绪的一些问题,但是令我们一般的人,甚至是全世界的人都不得不承认,而又十分担忧的普遍性的问题,普遍的趋势他提出来了,什么趋势呢?现代儿童比较孤单、忧郁、任性、好动、焦虑、冲动,这些说出来,好多家长说对啊,就是这样的。特别是我们国家好多独生子女就是这样的,引起共鸣。人们一再找原因,是什么原因导致这样的结果,找诸多原因,找根本原因,找到了,找到什么呢?是情商,是情绪、情感。情商

是人成功的一个特别重要的因素,也就是说智商高,情商不高不一定能成功,不一定能持续成功。而智商不太高,情商比较高,还反而很可能成功。

目前,人们越来越认为情商对成功和取胜的作用超过了智商。于是,那个找80%的人找啊找啊,找到了,智商占成功的20%,情商占成功的80%。就是写《情感智商》这个人——戈尔曼。他指出,真正决定一个人是否成功的关键是情商能力而不是智商能力。所以,有人说了一句话叫:智商诚可贵,情商价更高。

美国有一个专门搞咨询研究的机构,他们调查了188个公司,测试了每个公司的高级主管。他们的智商情商和他们的工作之间有什么关系?有什么联系?这种调查结果发现,情商的影响力是智商影响力的9倍。智商差一点的人,如果拥有更高的情商指数,完全可以获得成功。再加上我们未来的社会是高速发展的社会,人们遇到的是快节奏的生活,高频率的工作负荷,再加上复杂的人际关系,再加上越来越激烈的竞争,人们普遍感到心里的压力很大,再加上天灾人祸,还有纷繁复杂的社会,只有高智商应付显然力不从心,还必须有高情商才能够适应社会、应对自如,才能自我管理、自我调节。看一个领导是否成功,主要看他的部下是否成功。你的情商高了,吸引力、影响力、人格魅力就出来了，就能产生一种什么情况？振臂一呼，应者云集，就是一个经商的人，情商高，也会使你生意经念得更好，更能吸引客户。

那情商到底是什么呢？让我们撩开情商的面纱，看看情商为何物？1990年，美国的两位心理学家比德·沙洛维和约翰·梅耶提出了"情商"这个词。当时他们提出情商是情感智商，情商这个"情"指的是什么？什么叫情商？长期以来，人们对情商一直有一种神秘的感觉，使我们和情商难以亲近，难以把握，难以和情商拥抱。有一首歌的歌词写得很好：问世间情为何物，直教人生死相许，看人间多少故事，最销魂梅花三弄。谁写的？琼瑶。她写这个情是男欢女爱的情，我们这个情商的"情"不是男欢女爱，情商的英文缩写是EQ，智商的英文缩写是IQ，那么情商是什么呢？就是情绪商数、情绪智力、情绪智能。也就是我们经常说的理智、明智、理性、明理，主要指的是你的信心，你的恒心，你的毅力，你的忍耐，你的直觉，你的抗挫力，你的合作精神等一系列与人素质有关的反映程度。主要是心理素质。它是一个人感受理解、控制、运用表达自己以及他人情绪的一种情感的能力。

情商高低可以通过一系列的能力表现出来。丹尼尔·戈尔曼，就把人的情商能力概括为五大能力。

第五章 做个情商高手

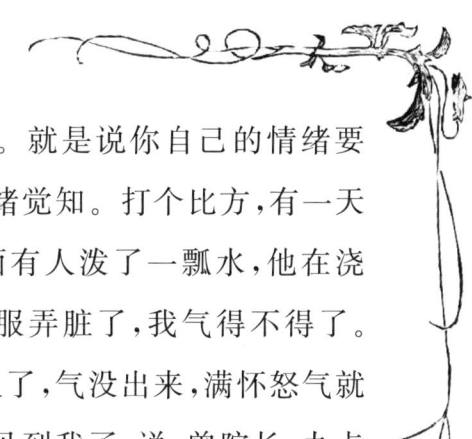

第一,认识自身情绪的能力。就是说你自己的情绪要靠自己来认识,也有人称之为情绪觉知。打个比方,有一天我从家一出来,刚一出门,楼上面有人泼了一瓢水,他在浇花,水泼在我身上,头弄脏了,衣服弄脏了,我气得不得了。转过身想骂他一声,一看,没有人了,气没出来,满怀怒气就去上班了。上班了,办公室主任见到我了,说:曾院长,九点钟有一个会,你要去开个会。我打断他的话,开什么会?现在中央早就说了,去掉文山会海,你还叫我开会开会开会!办公室主任心里说,曾院长今天怎么这样啊,吃了什么药?我刚刚坐到办公室,院长助理来了,说:曾院长,约了一个人,要和你会谈。谈什么谈,你们就是打断我的工作日程,你们就不能让我休息一下,你们怎么搞的吗?助理说,今天这个院长怎么搞的?过了几天,助理和办公室主任当着我的面说:曾院长,你那天是怎么搞的,我说我怎么搞的,我没有怎么搞的?我不知道。我没有觉知,我没有认知自己的情绪,我把恶劣情绪带到工作上来了。你在家里面跟夫人吵了一架,可能把这个情绪带到单位了,你在单位受气了,不顺心,回到家里找夫人找儿子发怒发气,也是这样的道理,可你自己还不知道。当你遇到什么不顺心的时候,你上课也不能集中精力听课,这些都是没有能够很好地认知自己的情绪,所以中国有句话叫作:吾日三省吾身,反躬自省。

就是讲的要自我认知,包括认知自己的情绪、自己的情感,这是讲的第一个情商能力。

第二,妥善管理情绪的能力。不要让自己的情绪像一匹脱缰的野马,情绪化会像脱缰的野马控制不住。

第三,自我激励的能力。

第四,认识他人情绪的能力。不光是控制自己的情绪,还要看他人的情绪。叫作顾左右而言他,顾着自己,看人家。看人家的情绪,顾左右而言他。

第五,人际关系的管理能力。

具有高情商的人也是通过教育培养出来的。比如训练情绪、情感。要训练你的情绪、情感。怎么训练?我认为有几个方面的建议,首先是认知情绪,刚才讲了认知情绪,然后分析情绪,然后评估情绪。就看你的情绪情感有哪些缺欠,缺欠在哪里?再接下来,控制情绪、调节情绪,情感和情绪的稳定协调,不要大起大落,不要喜怒无常,要保持情绪稳定,顺境的时候不忘乎所以、得意忘形;逆境的时候不垂头丧气、消极萎靡;遭受打击的时候泰然处之,应付自如。

我有几个具体建议:

第一,要驾驭愤怒情绪。其实,喜怒哀乐是人之常情,愤怒是一种激烈的情绪表现,它也有一些好处,人是可以愤怒一下的。岳飞写的《满江红》,怒发冲冠凭栏处,他的怒发冲冠有一种气势,有一种震撼作用,但是经常发怒就不好。包括当领导的,包括当家长的,经常发怒不好,对学习不好,对工作不好,对生活不好,对人际关系不好,对自己的身体也不好。有人说了,怒伤肝,我们经常用来控制发怒的方法是什么呢?加强心理控制,提高修养。发怒了,情绪失控了,失控处于边缘的时候,有一个小的技巧,拖延法。拖延一下,发怒的情绪就会有所缓解甚至消失。还有一个方法:转移法,转移一下,比如我找我的部下发火,你怎么搞的,你简直太浑蛋了,你简直……我的语言就可能失控,我甚至想揍他,这样下去可能造成不好的后果。怎么办?我的秘书跟我说,曾院长,国际长途。我待一会儿再跟你说,我先去接国际长途。我去了,拿起电话,我的秘书说,曾院长,没有国际长途,没有。我看你简直控制不住了,曾院长,你不能发怒,我看你差不多要打他了,差不多语言失控了,没有国际长途。这一打岔,稍微转移一下,我的情绪可能就控制下来了,我可能就冷静了。这个是什么?我要和我的秘书和我的助理保持默契,当我失控的时候,几乎要失控的时候,他就给我打个岔,这次说国际长途,下次说你夫人来了,你的领导来了,然后我赶快去,一会儿我的情绪又可以缓解一下了。这是个小的技巧。

另外一个方法就是数数,慢慢数,一直数到不发火,有

学会控制自己的情绪

人说数数字数到 60 的时候,一般有火也就发不起来了,试一试,数到 60。

还有一个方法是上厕所,要发怒了,不管有没有便意,到厕所去,蹲 20 分钟,蹲下来过后,心态平和。虽然不雅,不妨一试。

再就是理性控制,修养自己的世界观、人生观、价值观。

第二,要克服紧张情绪。压力、矛盾、冲突、风险、危机很容易使我们紧张,过多的紧张对工作对身体都没有好处,那克服紧张的情绪方法是什么?有正确的目标,沟通协调,学会享受,参加一些文明的娱乐活动。

第三,避免急躁情绪。主要是培养自己的忍耐力,目标适当,张弛有度,沉着冷静,学会冷处理。

第四,摆脱消极情绪,培养自己的积极情绪,热情的心态,开放的心态,成就感的心态,自己找乐趣,自找乐子。

第五,合理宣泄。用语言用行为来发泄心中的不良情绪,保持心态平衡怎么办?到一个大山里,没有人的大山,对着大山大叫,发泄,大叫的时候做着夸张的动作,这样就能放松了,发泄了。

有一个国家的总统对他的部下是这么建议的,他的部下有一天对总统说:总统,我对那个人恨极了,我简直想揍死他。总统说不要揍他,我建议你写信骂他,骂得他狗血淋头。这个部下一想,总统都建议我写信骂他。写啊,回去就把信写好了,世界上骂人的话几乎都写进去了,写好了。总统,你看怎么办,我什么时候寄给他,总统说不要寄给他,烧掉,反正最想骂的话都写了,发泄了,你就烧掉吧!我们大多数人都可以当心理医生的。什么意思?心理医生的大部分时间就是倾听,耐心地倾听患者的心声,只要做一个好的听众,就能使心理患者的心理改变收到良好的效果。

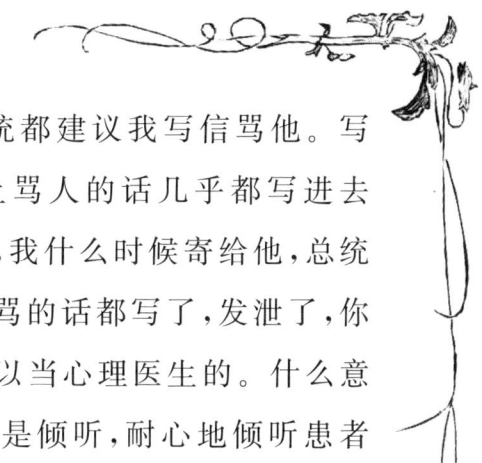

第六,学会放松。放松的主要方法是什么?学会放松情绪,很重要的一个方法就是幽默,要富有幽默感,幽默特别能够减轻精神的压力和心理的压力。曾有人在1991年写了一本幽默风趣的书,这本书的开头是这样写的:幽默是一种解脱,你看幽默就解了、脱了,就轻松了。这本书最后有这样一段话:朋友们,不要忘记把幽默风趣这种高档次的礼品馈赠他人。

第七,顾及他人的情绪。不能光看自己的情绪,也要顾及他人的情绪,特别是学生,要着力进行这方面的训练,情绪冲动感情用事就没顾及他人的情绪。

第八,要营造情绪环境。学生情绪、情感,在很大程度上是他们所在的学校、所在的家庭培养训练出来的。如果说家庭和睦,老师和蔼,同学合作,社会和谐,对学生的影响就特别大。这是一种无形的训练、无声的培养,极为重要。虽然它无形无声,道是无形却有形,此时无声胜有声。这就是我讲的五大方法中的第一种方法,训练我们的情绪情感。

第二个方法是学会处理人际关系。处理人际关系是一本厚厚的天书,有的人一辈子要走向最终点的时候,这本书还没读透。怎样处理人际关系?我有几个建议:一是对人宽容,宽容胜过百万兵。二是换位思考,换一把椅子坐一下,换位思考。三是学会关心。四是充满爱心。五是富有同情心。六是沟通协调。七是诚信正直。八是善于合作。九是乐于吃亏。吃亏是一种精神,吃亏是付出,付出才能得到,舍得舍得,有舍去才有得到。十是奉献牺牲。

第三个情商训练开发的方法是乐观豁达,善于乐观豁达,自找乐趣。你的心情如何,乐观还是悲观,这是情商的重要方面,这是获得情商的重要因素。所以有人讲,乐观会反败为胜,悲观可能反胜为败。这里有半杯水,如果心情悲观,有人会说,糟了糟了,只有半杯水了,怎么办?如果是个心情非常好的人,是个乐观豁达的人,会怎么说?哇,还有半杯水太好了,毕竟还有半杯水在。同样是半杯水,人们看法就不同。那有人说,快乐在哪儿呢?我到哪儿找快乐?

第五章　做个情商高手

有一只老猫,整天忧心忡忡、愁眉不展,它想着自己是全世界最不幸运的老猫了,但是偶尔一看,一只小猫咪,在地上打圈,咬自己的尾巴,自己转圈自己咬自己的尾巴,乐不可支。老猫说,小猫咪,你怎么这么快乐呢?小猫咪说,我的尾巴上有快乐。老猫回到家里面,也像小猫那样,自己转圈咬自己的尾巴,咬,咬,真是快乐。后来它明白了,快乐是在自己的尾巴上!

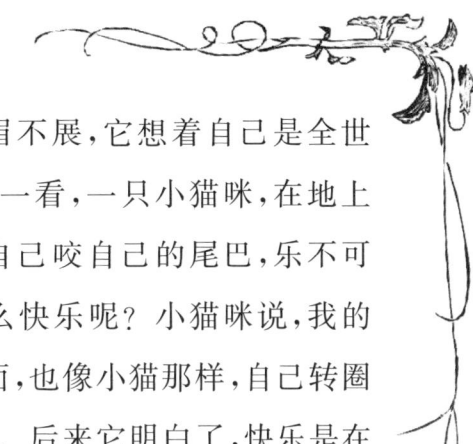

这是个笑话,它说明快乐确实要自己找。可以把快乐建立在单位的发展上,建立在整个民族的欣欣向荣上,可以把快乐建立在他人的成功上、自己的成功上,还可以把快乐建立在帮助他人的成功上。如果这些都没有,换一个角度,它可能就快乐,换一种思维,不快乐就可能变成快乐。

有一个老太太不快乐,她焦虑她两个儿子,一个儿子是卖伞的,另一个儿子是染布的。天下雨,她焦虑,因为天下雨了,大儿子的布怎么晾得干啊?天晴了,她又想,我的二儿子的伞怎么卖得出去?下雨她焦虑,出太阳她也焦虑。最后焦虑出病来了。有一个智者对她说,你换一种思维吧,天下雨你高兴,你二儿子的伞卖得出去。天晴你高兴啊,你大儿子的布晾得干。下雨高兴,出太阳也高兴,换一个角度,这就是情商。

第四个方法是积极向上进取。情商高的人有很强的上进心、进取心,总是对未来充满希望。充满什么希望,对未来、对社会、对祖国、对民族、对单位、对自己、对家庭、对人生都充满希望。

法国作家莫泊桑有一句名言:人是生活在希望中的。有希望就是一种积极向上,哪怕是梦。一个连梦都不会做的民族是没有希望的民族,我们每个人都在做梦,做好梦,我希望明天赚更多的钱,我希望明天作的报告更好听,都是在做梦。我们编织了一个个美梦,去努力、去圆梦、去寻梦、去争取。梦破灭了,我再编一个梦去圆梦;实现了,我又继续编梦,编梦、破灭、编梦、实现,人生就是如此充满希望。朋友们,到动物园去看看,孔雀什么时候最好看?开屏。孔雀开屏最好看,孔雀开屏过后你不看它的正面,你到它背后去看看,一点都不好看,前面开屏完了,后面光秃秃的好看吗?你不看正面,到它后面看,你说孔雀太不好看了,光秃秃的,前面最好看的你都不愿意看。

第五个方法是善待人生的机会。有人说智商高的人会发现机会,情商高的人会抓住机会,逆境时情商高的人,不会轻易放弃机会。训练情商要善待人生的机会,特别是要多给一次成功的机会。

第五章　做个情商高手

情商故事一

这是个听来的故事,一个富有的台湾医生,给独生儿子从小设计了美好的人生蓝图:受最好的教育,当第一流的医生。儿子很听话,按照父亲的设计生活,进了最好的医学院。一切本可以非常顺利地继续下去,可就在儿子服兵役的时候,竟然不幸在军营身亡。身亡的原因只是一次小小的口角,换了别人,睡一觉不忘,睡三觉就忘啦。可医生的儿子偏偏心里盯着这件小事,忘记了远大前程和美好人生,他一时隐忍不下,愤然举枪自尽。

情商故事二

这是个在网上流传甚广的故事,说一个运气糟糕的水管工被一个农场主雇来安装农舍的水管。那一天,水管工先是因车子的轮胎爆裂,耽误了一个小时,接着就是电钻坏了,最后呢,开的那辆老爷车趴了窝。他收工后,雇主开车把他送回家去。到了家门口,满脸沮丧的水管工没有马上进去,他沉默了一阵子,伸出双手,轻轻抚摸着门旁一棵小树的枝丫。待到门打开时,水管工笑逐颜开地拥抱两个孩子,再给迎上来的妻子一个响亮的吻。在家里,水管工愉快地招待了这位新朋友。雇主离开时,水管工送他出来。雇主按捺不住好奇心,问:"刚才你在门口的动作,有什么用意吗?"水管工爽快地回答:"有,这是我的'烦恼树'。我在外头工作,烦心的事情总是有的,可是烦恼不能带进家里,不能带给妻子和孩子,于是我就把它们挂在树上,让老天爷管着,明天出门再拿。奇怪的是,第二天我到树前,'烦恼'大半都不见了。"确实,我们每个人都该有一棵自己的"烦恼树",它可以是无形的,也可以是有形的,它可以是日记本里的宣泄,也可以是内心的自我化解,甚至哪怕只是一个礼让的手势、关切的眼神和温暖的微笑。

了解自己生气的内在想法,也知道了不合理信念所造成的情绪代价。也许你会问:"我知道是自己的想法造成的,可是想改却改变不了,我该如何是好?"

还需要你接纳自己的情绪。如果你很生气,不需要压抑、掩饰,坦诚地面对和承认自己,不要做一个"压力锅"父母。

一位母亲说,她必须不断地催着、叫着孩子起床、洗脸刷牙、吃早餐、穿衣服上学,而且必须最后用尖锐高昂的声音才能让孩子动起来。不幸的是,早晨战争过后的数小时,孩子放学后的另一场战火又在同一战场燃起,因为除了忙

着家事外,还要盯着孩子做功课、洗澡、上床睡觉等。

在这种日复一日的情形下,情绪像在火炉上的压力锅里沸腾着、积闷着,随时随刻都看得出压力锅的出气嘴在冒气,一旦被孩子的某些言行刺激,就如同猛然掀开锅盖似的爆发出来,连自己都未察觉出为何会如此。

人的情绪一直都是个很难处理的问题,对于孩子蹦蹦跳跳的言行,父母有时觉得活泼可爱,有时则觉得烦人讨厌。为什么面对孩子同样的行为,却会有不同的情绪反应?主要的原因是父母在不同的时间有着不同的想法,而这想法常来自(或逐渐形成)所谓的"信念"。

父母面对孩子的不听话,应该先检视一下自己内心的信念或想法是什么?是认为"孩子不听父母的话是很严重的问题"?是"孩子应该尊重我,不可以拒绝我"?是"我必须立刻加以管教,否则以后怎么得了"?还是"孩子不听话,让我觉得自己没有用"?诸如此类不合理的信念或想法作祟,父母才会产生负向、不好的情绪。

如果父母能换一个角度来看孩子不听话这个事件,如认为"孩子不听话的确令我难过,但并不代表世界末日""虽然我不喜欢孩子这样子,也许他是有原因的""做孩子的难免有这种情形,我可以试着去接纳他、开导他""孩子不听话,并不意味着我没有价值"等。父母若抱着上述的信念或

想法，情绪的感受就不会太坏，这是所谓合理宽容的信念或想法。

美国心理学家艾里斯认为：在平时的生活中，因不愉快的事件而产生的一些不合理信念，是造成个人情绪困扰的主要原因，而父母由于这些错误的知觉、不合理的信念，迫使自己深陷于情绪困扰的深渊中。

不合理的信念通常是视一些不如意的事件为不幸或大灾难，或认为自己不能、没法控制，进而不能忍受；或自责没有价值；或用许多"我必须""我应该"是好父母、"对孩子的行为负责"等自我要求的对话。因此，父母首先要对引发情绪的事件重新评估，改变原有的一些不合理信念，才能产生正向的情绪，进而了解孩子、改善亲子关系。

第六章

情绪疗法
QING XU LIAO FA

第六章　情绪疗法

合理情绪疗法

合理情绪疗法是美国临床心理学家艾尔伯特·艾里斯在二十世纪五十年代提出的人格理论及心理治疗方法。这种理论及治疗方法强调认知、情绪、行为三者有明显的交互作用及因果关系，特别强调认知在其中的作用。

那些受教育程度较高，领悟能力较强的人，比较适合运用合理情绪疗法进行心理自我调节。

合理情绪疗法之父——艾里斯1913年出生于美国匹兹堡，4岁时全家到纽约定居。他的童年在布朗克斯的街上度过，在那儿他玩手球、曲棍球及橄榄球，并照顾弟妹。在12岁时，他下决心成为一个作家，于是规划自己的教育生涯。他先进高职学校，然后上纽约市立大学，主修商业管理，想在商场上赚足够的钱以便写任何想写的题材。

但是由于二十世纪三十年代的经济大萧条，艾里斯的计划破产了，他只得放弃致富的梦想，不过仍持续写作。他

38岁时已完成了约十本书的手稿，包括小说、诗、戏剧与文集。他的一些手稿原来将要出版，但最终还是不能如愿。但他毫不气馁，继续从事研究，撰写有关性、爱情与婚姻方面的文章，并成为这些领域的权威，许多亲朋好友都来向他请教。

在成长的过程中，艾里斯逐渐意识到自己能辅导别人，并常常引以为乐，便决定成为一位心理学家。大学毕业八年后，他进入哥伦比亚师范学院研究临床心理学，开始学习婚姻、家庭与性等领域的治疗方法。后来艾里斯认为精神分析是心理治疗中最精深的学问，于是接受荷尼学院一位分析训练员的分析与督导。1947～1953年他一直从事古典精神分析的心理治疗。

艾里斯在研究中发现，精神分析其实是一种肤浅而不科学的治疗方式，因此他开始尝试运用其他治疗派别的治疗方法。在1955年年初，他把人本的、哲学的及行为的治疗组合成理性情绪疗法，后又重新命名为认知行为疗法。1956年艾里斯在长期观察总结的基础上，提出了11个基本的非理性信念。从此艾里斯被公认为是合理情绪疗法之父及认知行为疗法之祖。

早在艾里斯童年的时候，为了解决和处理自己的问题，他就已经开始摸索和发展他的治疗方法了。

第六章 情绪疗法

他有小他19个月的弟弟和小他4岁的妹妹。弟弟反叛捣蛋成性,妹妹个性发展不平衡,弟妹相处如仇敌相见,水火不相容,多年来全依赖艾里斯的心理帮助,才得以维持弟妹之间的关系。

他的父母虽然很爱孩子们,却不懂得如何照顾子女,艾里斯从小就学会照顾自己和弟妹,独立地照自己的意愿来安排生活,这些童年经历使他7岁左右就形成了凡事靠自己解决的习惯。即使11岁时父母离异,也没有对他的心灵造成任何影响。

艾里斯在童年时期曾九次住院,病因是肾炎;19岁时又并发肾性高血压;40岁时患糖尿病,但是他努力照顾自己,不使自己因疾病而陷入悲伤,反而精力充沛地生活。

艾里斯自认为童年对他的影响之一是使他成为一个很会自救的人,在不快乐的时候努力想办法让自己减少一些不快乐。所以从某一角度来说,他认为他是自己的治疗师。但是另一方面,由于童年时期常常为母亲的迟归而担忧,他变得容易焦虑,与焦虑相伴而来的是害羞。怕权威人物(如校长),怕在公开场合说话,后来则变成怕女孩。19岁时,为了战胜自己,他强迫自己在布朗克斯的植物园里花了大约一个月的时间跟100个女孩子说话。虽然他没有因这些短暂的接触而发展到跟任何一个女孩约会,但他逐渐变得不担心被女人拒绝了。借着他自己领悟的认知行为疗法的应用,他逐渐克服了一些心理障碍。此外,他还学会了如何"享受"公开演讲以及一些以前曾经非常焦虑的活动所带来的乐趣。

艾里斯发现和发展的合理情绪疗法可谓他一生自救的法宝,他不但帮助了自己,而且帮助了许多人,这也使他形成了乐观开朗的个性。听过艾里斯演讲的人常会对他那精辟、幽默的风格赞赏不已,他也了解自己在某些方面是相当幽默及令人惊讶的。在研讨会上,他很乐于表现自己。他以工作为乐,这是他生活的重心。

艾里斯是精力充沛的人,也是心理咨询与心理治疗领域内著作最丰富的作者之一。在忙碌的职业生涯中,他每星期要会晤80名个别治疗的就诊者,指导5个治疗团体,每年对专业人员与大众做200场演讲与讲课。他已出版了五十多本书及七百篇以上的文章,内容大部分是合理情绪疗法的理论与应用。

合理情绪疗法对人性的看法

艾里斯的合理情绪疗法是建立在他对人的本性的看法上的。人为什么会有情绪困扰与不快乐?他认为这与人具

第六章 情绪疗法

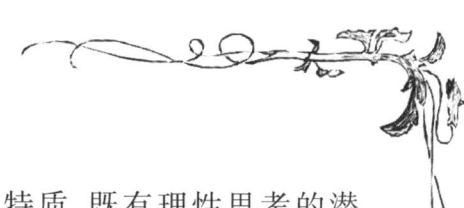

有以下特性有关。

人同时具有理性与非理性的特质,既有理性思考的潜能,也有非理性思考的倾向。当人们按照理性去思维、去行动时,就会产生积极的情绪,他们就会是愉快的、富有竞争精神以及行有成效的人;当人们运用非理性思考时,则会带来消极负向的情绪。

情绪是伴随着人们的认知而产生的,情绪上或心理上的困扰是由于不合理的、不合逻辑的思维造成的。

人具有一种生物的和社会的倾向性,倾向于存在有理性的合理思维和无理性的不合理思维。任何人都不可避免地具有或多或少的不合理的思维与信念。

人是有语言的,而且思维借助语言而进行。人们若不断地用内化语言重复某种不合理的信念,就会导致无法排解的情绪困扰。

情绪困扰是那些内部语言造成的结果。艾里斯指出,那些我们持续不断地对我们自己所说的话经常或者直接就会变成我们的思想和情绪。

艾里斯认为,似乎很多人的思考不合逻辑。因此,他以一句很有名的话作为合理情绪疗法理念上的起点:"人不是为事情困扰着,而是被对这件事的看法困扰着。"以强调人们的不合理信念对情绪所起的作用。

比如有人认为：我觉得自己是完美的，可是我刚刚犯了一个可怕的错误，这就证明我是不完美的，因此我是无价值的。正是诸如此类的不合理信念，导致了人的罪恶感、害羞、焦虑、忧郁等负性情绪。

都是哪些不合理信念惹的祸

艾里斯认为，不合逻辑的、不合理的认识是产生情绪困扰的主要原因，若对它处理不当，就会产生各种心理问题，就不能快乐、满足地生活。那么，主要是哪些不合理信念给人们带来麻烦呢？艾里斯根据自己的临床观察提出了11种不合理信念，并一一与它们做斗争。

（1）在自己的生活环境中，每个人都需要得到自己生活中重要人物的喜爱与赞扬。艾里斯不反对人需要别人的称赞与喜爱，而且认为能够得到生活中重要人物的喜爱与称赞是一件好事。但他认为，如果把这当作绝对需要的话，就是一个不合理信念了，因为它是不可能实现的。假如一个人相信这个信念，就会花很多的心思与时间曲意取悦他人，以求得到对自己的赞赏。这样不但会使人丧失自己，使自己没有足够的时间去追求其他快乐，也会使人丧失安全感（如时时担心能否被别人接纳或接纳的程度如何等），结果只能令自己感到失望、受挫、沮丧。

（2）一个人必须有十足的能力，在各方面至少在某方面有才能、有成就，这样才是有价值的。艾里斯认为，一个有理性的人，凡事会尽力而为，但不会过分计较成败得失，因为重要的是参与过程而不是结果。如果要求自己十全十美，或过分要求自己在某一方面有成就，为自己制定不能达到的目标，只能让自己永远当个失败者，在自己导演的悲剧中徒自悲伤。

（3）有些人是坏的、卑劣的、邪恶的，他们应该受到严厉谴责与惩罚。艾里斯认为，每个人都会犯错误，责备与惩罚不但于事无补，而且会使事情更糟。所以对犯错误的人，要做的是接纳、帮助他，使他不再犯错误，而不能因此否定他的价值，对其采取极端的排斥与歧视态度。

（4）视不如意是糟糕可怕的灾难。一个有理性的人应该正视不如意的事，寻求改善之法；即使无力改变，也要善于从困境中学习。

（5）人的不快乐是外在因素引起的，人不能控制自己的痛苦与困惑。艾里斯认为，外在事物并不能伤害我们，倒是我们自己对这些事物的信念与态度让我们自己受到了伤害。所以，只要我们尝试改变自己有关的非理性思维内容，就可以有效地改变自己的情绪状态。

(6)对可能(或不一定)发生的危险与可怕的事情,牢牢记在心头,随时顾虑到它会发生。艾里斯认为,考虑危险事物发生的可能性,计划如何避免,或思虑不幸事件一旦发生如何补救,不失为明智之举。但过分忧虑,反而会扰乱一个人的正常生活,使生活变得沉重而缺乏生气。

(7)对于困难与责任,逃避比面对要容易得多。艾里斯认为,逃避困难与责任,固然可以得到暂时解脱,但问题并没有解决,而且会因贻误时机而使问题变得越来越难以解决。所以,理性的人会通过实际的行动增加自信,使生活过得更加充实。

(8)一个人应该依赖他人,而且依赖一个比自己更强的人。艾里斯认为,由于社会的分工,个人经历的多寡,闻道的先后等原因,有时我们确实需要他人的帮助。此时,如为了证明自己的所谓价值而拒绝他人的帮助,反而是不明智之举,但这并不是我们时时事事都依赖他人的理由。在生活中,任何人都是具有独特价值的个体,在大多数时候,他需要独立面对生活中的种种问题,所以,独立自主能力对一个人的成长至关重要。

(9)一个人过去的经历是影响他目前行为的决定因素,而且这种影响是永远不可改变的。艾里斯认为,不可否认,过去的经历对人有一定的影响,有的影响还比较大,但这并

第六章 情绪疗法

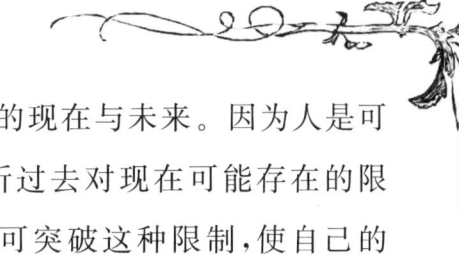

不是说它们就此决定了一个人的现在与未来。因为人是可以改变的,只要我们客观地分析过去对现在可能存在的限制,善用自己的能力和机会,就可突破这种限制,使自己的现在和未来充满希望与生机。

(10)一个人应该关心别人的困难与情绪困扰,并为此感到不安与难过。关心别人是人的一种美德,但我们无须为别人的困难与不安感到难过,我们需要的是帮助他们面对自己的困难与情绪困扰,并早日走出阴影。

(11)碰到的每个问题都应该有一个正确而完美的解决办法,如果找不到这种完美的解决办法,那是莫大的不幸。艾里斯认为,世界上有些事物根本就没有答案,凡事都要追求完美的解决是不可能的。完美主义只能使自己自寻烦恼。

以上是艾里斯在1962年总结出来的具有普遍意义的、通常会导致各种各样神经症状的11种主要的不合理信念。二十世纪七十年代以后,他进一步把这些主要的不合理信念归并为3大类,即人们对自己、对他人、对自己周围环境及事物的绝对化要求和信念。

因为情绪是由人的认知、人的信念所引起的,所以艾里斯认为每个人都要对自己的情绪负责。他认为,当人们陷入情绪障碍中时,是他们自己使自己感到不快的,是他们自

己选择了这样的情绪取向的。不过有一点要强调的是,合理情绪疗法并非一般性地反对人们具有负性情绪。比如一件事失败了,感到懊恼,有受挫感,这是适当的情绪反应。而郁郁寡欢、一蹶不振则是所谓的不适当的情绪反应。

对于人们所持有的不合理信念,韦斯勒等曾总结出下列三个特征:绝对化要求、过分概括化和糟糕至极。

第一是绝对化要求。这一特征在各种不合理信念中是最常见的。对事物的绝对化要求是指人们以自己的意愿为出发点,认为某一事物必定会发生或不会发生。这种信念通常与"必须如何""应该如何"这类字眼联系在一起。比如"我必须获得成功""别人必须很好地对待我""生活应该是很容易的"等。怀有如此绝对化信念的人极易陷入情绪困扰,因为客观事物的发生和发展都是具有一定规律的,不可能按某一个人的意志去运转。对于某个具体的人来说,他不可能在每一件事上都获得成功;而对于某个个体来说,他周围的人和事物的发生有与发展也不会以他的意志为转移。当某些事物的发生与他的绝对化要求相悖时,他们就会感到受不了,感到难以接受、难以适应并陷入情绪困扰。合理情绪疗法就是要帮助人们改变这种极端的思维方式,而代之以合理的思维方式,以减少他们陷入情绪障碍的可能性。作为教师心理健康自我教育的重要理论支柱,合理

第六章 情绪疗法

情绪疗法就是要帮助教师自己认识这些绝对化要求的不合理、不现实之处,并帮助他们学会以合理的方式去看待自己和周围的人与事物,以防止产生情绪障碍。

第二是过分概括化。这是一种以偏概全、以一概十的不合理思维方式。艾里斯曾说过,过分概括化就如同根据一本书的封面来判定一本书的好坏一样,是不合逻辑的。过分概括化一方面表现在人们对自身的不合理评价上。一些人当面对失败或是极坏的结果时,往往会认为自己"一无是处""一钱不值",是"废物"等。以自己做的某一件或几件事的结果来评价自己整个人,评价自己作为人的价值,其结果常常会导致自责自罪、自卑自弃心理的产生以及焦虑和抑郁的情绪。过分概括化的另一方面表现在对他人的不合理评价上,别人稍有差池就认为他很坏,一无是处,这会导致一味地责备他人,进而产生敌意和愤怒等情绪。按艾里斯的观点来看,以一件事的成败来评价整个人是一种理智上的法西斯主义。他认为一个人的价值是不能以他是否聪明、是否取得了成就等来评价的,人的价值就在于他具有人性。因此,他主张不要去评价整体的人,而应该只评价人的行为和表现,即"评价一个人的行为而不是去评价一个人"。因为在这个世界上,没有一个人可以达到完美无缺,所以艾里斯指出,每一个人都应十分清楚,自己和他人都是有可能

犯错误的人类中的一员。

　　第三是糟糕至极。这种观念认为如果发生了一件不好的事情,那将是非常可怕的、非常糟糕的,是一场灾难。这种想法会导致个体陷入极端不良的情绪体验(如耻辱、自责自罪、焦虑、悲观、抑郁)的恶性循环之中而难以自拔。当一个人觉得什么事情糟糕透了的时候,往往意味着对他来说这是最坏的事情,是百分之百甚至百分之一百二十的糟透了,是一种灭顶之灾。艾里斯指出,这是一种不合理的信念,因为对任何一件事情来说,都可能有比它更坏的情形发生,没有任何一件事情可以定义为百分百糟透了。假如一个人沿着这条思路想下去,他就是自己把自己引向了极端的负性的不良情绪状态之中了。糟糕至极的不合理信念常常是与人们对自己、对他人及对自己周围环境的绝对化要求相联系的,当人们绝对化要求中的"必须"和"应该"的事物并未如他们所愿发生时,他们就会感到无法忍受,他们的想法就会走向极端,就会认为事情已经糟糕到极点了。合理情绪疗法认为,非常不好的事情确实有可能发生,尽管有很多原因使我们希望不要发生这种事情,但没有任何理由说这些事绝对不该发生。我们将努力去接受现实,在可能的情况下去改变这种状况,在不可能时,则学会在这种状况下生活下去。

写到此处,笔者脑海里突然闪现出契诃夫的散文《生活是美好的》,虽然契诃夫不一定懂得什么合理情绪疗法,但品味一下他的这篇妙文,却与合理情绪疗法有异曲同工之效。因此我们暂且把"艾里斯"放一放,先来五分钟的"奇文共赏"。

生活是美好的
——对企图自杀者进一言

生活是极不愉快的玩笑,不过要使它美好却也不难。为了做到这一点,光是中头彩赢了20万卢布、得了"白鹰"勋章、娶了个漂亮女人、以好人出名,还是不够的——这些福分都是无常的,而且也很容易习惯。

为了不断地感受到幸福,甚至在苦恼和愁闷的时候也感到幸福,那就需要:善于满足现状;很高兴地感到:"事情可能会更糟呢!"

要是火柴在你的衣袋里燃起来了,那你应当高兴,而且感谢上苍:"多亏你的衣袋不是火药库。"

要是有穷亲戚上别墅来找你,那你不要脸色发白,而要喜气洋洋地叫道:"挺好,幸亏来的不是警察!"

要是手指扎了一根刺,那你应当高兴:"挺好,多亏这根刺不是扎在眼睛里!"

如果你的妻子或者小姨练钢琴,那你不要发脾气,而要感激这份福气:"你是在听音乐,而不是在听狼嗥或者猫的音乐会。"

你该高兴,因为你不是拉长途马车的马,不是寇克的"小点"(寇克是19世纪德国细菌学家,"小点"指细菌),不是毛毛虫,不是猪,不是驴,不是茨冈人牵的熊,不是臭虫……你要高兴,因为眼下你没有坐在被告席上,也没有看见债主在你面前,更没有跟主笔土尔巴谈稿费问题。

如果你不是住在边远的地方,那你一想到命运总算没有把你送到边远的地方去,你岂不觉着幸福?

要是有一颗牙痛起来,那你就该高兴,幸亏不是满口的牙都痛。

你该高兴,因为你居然可以不必读《公民报》,不必坐在垃圾车上,不必一下子跟三个人结婚。……要是把你给送到警察局去了,那就该乐得跳起来,因为多亏没有把你送到地狱的大火里去。

要是你挨了一顿桦木棍子的打,那就该蹦蹦跳跳,叫道:"我多有运气,人家总算没有拿带刺的棒子打我!"

要是你的妻子对你变了心,那就该高兴,多亏她背叛的是你,不是国家。

依此类推……朋友,照着我的劝告去做吧!你的生活就会欢乐无穷了。

第六章 情绪疗法

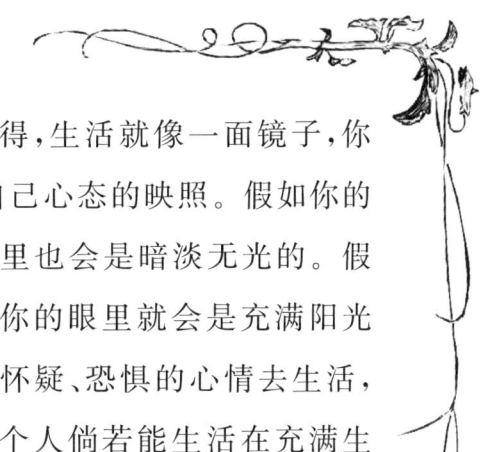

读了这篇文章,你是否会觉得,生活就像一面镜子,你从生活中看到的东西常常是你自己心态的映照。假如你的心态是暗淡的,那生活在你的眼里也会是暗淡无光的。假如你的心态是晴朗的,那生活在你的眼里就会是充满阳光的。如果一个人总是带着无奈、怀疑、恐惧的心情去生活,那无疑是在煎熬生命。反之,一个人倘若能生活在充满生之喜悦的安详之中,就会发现生活原来是这样美好,他的心情就会一片宁静。从这个角度来说,善于积极认知的人是会享受生活的,会享受生活的人是非常幸福的。

现在我们再回到艾里斯的合理情绪疗法上来。

在人们的种种不合理信念中,往往都可以找到绝对化要求、过分概括化、糟糕至极这三种特征。每一个人都或多或少地会具有不合理的思维与信念,而那些具有严重情绪障碍的人,这种不合理思维的倾向则更为明显。情绪障碍一旦形成,自己难以自拔,那就需要进行治疗了。

合理情绪疗法的操作模式:ABCDEF

ABC人格理论是艾里斯合理情绪疗法理论的精华所在,它不但说明了人类情绪困扰产生的原因,也阐释了消除情绪及行为困扰的心理治疗之道。如果我们能够透彻地理解这种理论,经常有意识地运用这种理论,那么我们很难陷入自己设置的情绪陷阱之中。因此,本课题组在实施教育性心理干预过程中,用了大量的时间和精力解释这种理论,与教师同行一起尝试着运用这种理论来解决自己的心理问题。

何为ABC？完整的治疗模式由ABCDEF六个部分组成。

A：activating events,指发生的事件。

B：beliefs,指人们对事件所持的观念或信念。

C：emotional and behavioral consequences,指观念或信念所引起的情绪及行为后果。

D：disputing irrational beliefs,指劝导干预。

E：effect,指治疗或咨询效果。

F：new feeling,指治疗或咨询后的新感觉。

人们面对外界发生的负性事件时,为什么会产生消极的、不愉快的情绪体验？人们常常认为罪魁祸首是外界的负性事件(A)。但是艾里斯认为,事件(A)本身并非引起情绪反应或行为后果(C)之原因,而人们对事件的不合理信念(B)(想法看法或解释)才是真正原因所在。因此要改善人们的不良情绪及行为,就要劝导干预(D)非理性观念的发生与存在,而代之以理性的观念。等到劝导干预产生了效果(E),人们就会产生积极的情绪及行为,心里的困扰因此消除或减弱,人也就会有愉悦充实的新感觉(F)产生。

ABCDEF 模式在心理自助中的运用

合理情绪疗法是艾里斯通过切身体验感悟和总结出来用于帮助自己同时帮助他人进行心理自我调节的方法。

这种疗法的主要目标是:帮助人们培养更实际的生活哲学,减少自己的情绪困扰与自我挫败行为,也就是减轻因生活中的错误而责备自己或别人的倾向(消极目标),并学会如何有效地处理未来的困难(积极目标)。

其操作模式如下:

(1)找出使自己产生异常紧张情绪的诱发事件(A),例如当众讲话、考试、工作压力、人际关系等。

(2)分析挖掘自己对诱发事件的解释、评价和看法,即由它引起的信念(B),从理性的角度去审视这些信念,并且探讨这些信念与所产生的紧张情绪(C)之间的关系。从而认识到异常的紧张情绪之所以发生,是由于自己存在不合理的信念,这种失之偏颇的思维方式应当由自己负责。

(3)扩展自己的思维角度,与自己的不合理信念进行辩论(D),动摇并最终放弃不合理信念,学会用合理的思维方式代替不合理的思维方式。还可以通过与他人讨论或实际验证的方法来辅助自己转变思维方式。

(4)随着不合理信念的消除,异常的紧张情绪开始减少或消除,并产生出更为合理、积极的行为方式。行为所带来的积极效果,又促进着合理信念的巩固与情绪的轻松愉快。最后,个人通过情绪与行为的成功转变,从根本上树立起合理的思维方式,不再受异常的紧张情绪的困扰(E)。

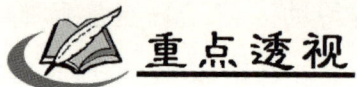 重点透视

理性情绪疗法

理性情绪疗法(RET)是 Albert Ellis 创立的,他认为人的情绪和行为障碍不是由于某一激发事件直接所引起的,而是由于经受这一事件的个体对它不正确的认知和评价所引起的信念,最后导致在特定情境下的情绪和行为后果,这就称为 ABC 理论。通常认为情绪和行为后果的反应直接由激发事件所引起,即 A 引起 C,而 ABC 理论则认为 A 只是 C 的间接原因,B 即个体对 A 的认知和评价而产生的信念才是直接的原因。两个人遭遇到同样的激发事件——工作失误造成一定的经济损失,产生了很大的情绪波动,在总结教训时,甲认为吃一堑长一智,以后一定要小

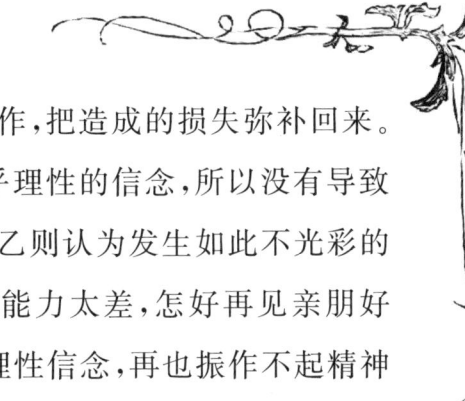

心谨慎,防止再犯错误,努力工作,把造成的损失弥补回来。由于有了正确的认知,产生合乎理性的信念,所以没有导致不适当的情绪和行为后果。而乙则认为发生如此不光彩的事情,实在丢尽脸面,表明自己能力太差,怎好再见亲朋好友,由于有了这样错误的或非理性信念,再也振作不起精神来,导致不适当的甚至是异常的情绪和行为反应。

这种疗法可用于治疗各种神经症和某些行为障碍。

1.要求的绝对化

这是非理性信念中最常见的一个特征,从自己的主观愿望出发,认为某一事件必定会发生或不会发生,常用"必须"或"应该"的字眼,然而客观事物的发生往往不以个人的主观意志转移,常出乎个人意料,因此怀有这种看法或信念的人极易陷入情绪困扰。

2.过分的概括化

即对事件的评价以偏概全,表现在一方面在自己的非理性评价,常凭自己对某一事物所作的结果的好坏来评价自己的价值,其结果常导致自暴自弃、自责自罪,认为自己一无是处、一钱不值而产生焦虑抑郁情绪;另一方面是对别人的非理性评价,别人稍有差错,就认为他很坏,一无是处,其结果导致一味责备他人,并产生敌意和愤怒情绪。

3.糟糕透顶

认为事件的发生会导致非常可怕或灾难性的后果。这种非理性信念常使个体陷入羞愧、焦虑、抑郁、悲观、绝望、不安、极端痛苦的情绪体验中而不能自拔。这种糟糕透顶的想法常常是与个体对己、对人、对周围环境事物的要求绝对化相联系的。

上述三个特征造成了患者的情绪障碍，因此本疗法是以理性治疗非理性、帮助患者改变其认知，用理性思维的方式来替代非理性思维的方式，最大限度地减少由非理性信念所带来的情绪困扰的不良影响。

此疗法的治疗过程一般分为四个阶段：

1.心理诊断阶段

这是治疗的最初阶段，首先治疗者要与患者建立良好的工作关系，帮助患者建立自信心；其次摸清患者所关心的各种问题，将这些问题根据所属性质和患者对它们所产生的情绪反应分类，从其最迫切希望解决的问题入手。

2.领悟阶段

这一阶段主要帮助患者认识到自己不适当的情绪和行为表现或症状是什么，产生这些症状的原因是自己造成的，要寻找产生这些症状的思想或哲学根源，即找出它们的非理性信念。

在寻找非理性信念并对它进行分析时要顺序进行：第

一,要了解有关激发事件 A 的客观证据;第二,患者对 A 事件的感觉体验是怎样反应的;第三,要患者回答为什么会对它产生恐惧、悲痛、愤怒的情绪,找出造成这些负性情绪的非理性信念;第四,分析患者对 A 事件同时存在理性的和非理性的看法或信念,并且将两者区别开来;第五,患者的愤怒、悲痛、恐惧、抑郁、焦虑等情绪和不安全感、无助感、绝对化要求和负性自我评价等观念区别开来。

3.修通阶段

这一阶段,治疗者主要采用辩论的方法动摇患者非理性信念。用夸张或挑战式的发问让患者回答他有什么证据或理论对 A 事件持与众不同的看法等。通过反复不断的辩论,患者理屈词穷,不能为其非理性信念自圆其说,使他真正认识到,他的非理性信念是不现实的,不合乎逻辑的,也是没有根据的。开始分清什么是理性的信念,什么是非理性的信念,并用理性的信念取代非理性的信念。

这一阶段是本疗法最重要的阶段,治疗时还可采用其他认知和行为疗法,如布置患者做认知性的家庭作业(阅读有关本疗法的文章,或写一个与自己某一非理性信念进行辩论的报告等),或进行放松疗法以加强治疗效果。

4.再教育阶段

再教育阶段也是治疗的最后阶段,为了进一步帮助患者摆脱旧有思维方式和非理性信念,还要探索是否还存在与本症状无关的其他非理性信念,并与之辩论,使患者学习到并逐渐养成与非理性信念进行辩论的方法。用理性方式进行思维的习惯,这样就达到建立新的情绪的目的:如解决问题的训练、社会技能的训练,以巩固这一新的目标。

由于与非理性信念进行辩论是帮助患者的主要方法,并获得所设想的疗效,所以由 ABC 理论所建立的本疗法可以"ABCDE"五个字母作为其整体模型。

 自我测试

以情胜情的心理疗法

以情胜情疗法又被称为情胜疗法,是根据中医脏象学说五行生克的理论来治疗的。人有七情,分属五脏,五脏及情志之间存在着五行相制。不良的情志活动会导致人体阴阳偏盛偏衰,使心理活动失去平衡,从而引起疾病的发生。

正确运用情志可以使肌体恢复平衡协调而使病愈。但实际上,情胜疗法与情志之间阴阳属性的对立互制密切相关,也就是说,情绪变化有阴阳属性之分,有对立而言,当情

志活动出现了阴阳的偏盛偏衰,只要采用与之相对的情志之偏,即可进行矫正,而并不一定拘泥于五行相制理论。如怒与恐、悲与喜、惊与思、乐与愁、喜与怒等,都是彼此相反的情感活动,它们可互为调节控制,使阴阳重新趋于平衡。在古代典籍中记载了大量情胜疗法的案例,略述一二。

一、激怒疗法

肝木之志为怒,脾土之志为思,木克土、怒胜思。愤怒虽然是一种不良的情绪,但它属于阳性的情绪变动,因此对忧愁不解而意志消沉、惊恐太过而胆虚气怯等属于阴性情绪变化所致疾病,均可用激怒疗法治之。

二、喜乐疗法

心火之志为喜,肺金之志为悲,火克金、喜胜悲。喜为良性情绪变化,因而可以治疗因愤怒、思虑、悲哀等不良情绪活动所致病变以及与喜乐相对立的表现为阴性情绪状态所致疾病。

三、悲哀疗法

悲哀属于阴性消极情绪,但在一定条件下,悲哀可平息激动、控制喜悦、忘却思虑,从而转化为积极的治疗作用。

四、惊恐疗法

肾水之志为恐,心火之志为喜,水能克火,恐可制喜。惊又可使气乱、气散,从而解除因忧思而导致的气机郁结、闭塞,故利用使人惊惶之类的刺激方法,可以治疗某些忧虑症。

五、思虑疗法

脾土之志为思,肾水之志为恐,思则气结,恐则气下,土能克水,思能胜恐,故惊恐、狂喜之气散之症,均可以思虑疗法治之。

相关链接

八风吹不动

宋朝苏东坡居士在江北瓜洲任职,和江南金山寺一江之隔,他和金山寺的住持佛印禅师经常谈禅论道。一日,自觉修持有得,撰诗一首,派遣书童过江,送给佛印禅师印证,诗云:

稽首天中天,毫光照大千。

八风吹不动,端坐紫金道。

禅师看后,拿笔批了两个字,就叫书童带回去。苏东坡以为禅师一定会赞赏自己修行参禅的境界,急忙打开禅师的批示,一看,只见上面写了"放屁"两个字,不禁无名火起,于是乘船过江找禅师理论。

船快到金山寺时,佛印禅师早站在江边等待苏东坡,苏东坡一见禅师就气呼呼地说:"禅师!我们是至交道友,我的诗,我的修行,你不赞赏也就罢了,怎可骂人呢?"

禅师若无其事地说:"骂你什么呀?"

苏东坡把诗上批的"放屁"两字拿给禅师看。

禅师呵呵大笑说:"哦!你不是说'八风吹不动'吗?怎么'一屁就打过江'了呢?"

苏东坡惭愧不已。